U0305334

香甜红韵

苏易 编著

红茶

图书在版权编目（CIP）数据

香甜红韵 : 红茶品鉴 / 苏易编著 . -- 北京 : 中国商务出版社 , 2016.10

ISBN 978-7-5103-1666-1

Ⅰ . ①香… Ⅱ . ①苏… Ⅲ . ①红茶—品鉴 Ⅳ . ① TS272.5

中国版本图书馆 CIP 数据核字 (2016) 第 252888 号

香甜红韵：红茶品鉴

XIANGTIAN HONGYUN：HONGCHA PINJIAN

苏易　编著

出　　版：中国商务出版社

地　　址：北京市东城区安定门外大街东后巷 28 号　　邮编：100710

责任部门：中国商务出版社　商务与文化事业部（010-64515151）

总 发 行：中国商务出版社　商务与文化事业部（010-64226011）

责任编辑：崔　笏

网　　址：http://www.cctpress.com

邮　　箱：shangwuyuwenhua@126.com

排　　版：文贤阁

印　　刷：北京市松源印刷有限公司

开　　本：787 毫米 ×1092 毫米　1/16

印　　张：16　字　　数：206 千字

版　　次：2017 年 2 月第 1 版　印　　次：2019 年 4 月第 2 次印刷

书　　号：ISBN 978-7-5103-1666-1

定　　价：99.00 元

凡所购本版图书有印装质量问题，请与本社总编室联系（电话：010-64212247）。

前言

PREFACE

真正的好茶就像美酒般香醇，总让人情不自禁地回味它的余香。如今，茶已经成为修身养性、涤荡心灵的精神食粮。而红茶在所有茶叶中含的咖啡因和茶碱最少，刺激性比其他茶叶低，不论热饮或冰饮，无论清饮或调饮，都风味俱佳，有利于人们的身体健康，因此深受国内外消费者欢迎。

红茶属于全发酵茶，品性温和，冲泡后茶汤红明，香气高长醇和，是理想的饮品。红茶的发源地是中国，世界上最早的红茶由中国明朝福建武夷山茶区的茶农发明，名为正山小种。武夷山市桐木村江氏家族是生产正山小种红茶的茶叶世家，至今已有四百多年的历史。我国红茶的品种丰富：包括祁门红茶、正山小种、白琳工夫茶、政和工夫茶、坦洋工夫茶、金骏眉、滇红茶等。17 世纪，中国的红茶传入英国宫廷，从此迅速风靡，成为英国上流社会不可或缺的饮品。除中国外，世界上还有很多国家也出产红茶，包括印度、肯尼亚、印度尼西亚、斯里兰卡等。

|红·茶|
PREFACE

数百年来，红茶一直长盛不衰，到了今天，注重健康生活的现代人更是离不开它，红茶以其充满诱惑的红色和茶香与我们的日常生活紧密相连。若想更好地品鉴红茶，就要多了解一些它的基本知识和特性。本书尽可能完整地介绍了红茶的历史、特点、制作工序、文化、冲泡方法、储存要领、选购技巧等，详细介绍了著名红茶品种的相关知识。本书内容力争做到全面，通俗易懂，画面精美，图文并茂。相信通过阅读本书，读者会对红茶有一个全面而清晰的认识。

茶是中华民族的传统饮品，了解红茶能更好地品味红茶的香醇，将澄澈红汤、嫩匀红叶和浓郁香气融为一体的红茶更是让人眼前一亮，欲罢不能。现在就让我们一起来品鉴红茶的神秘魅力吧！

由于时间仓促，书中难免会有疏漏之处，敬请广大读者批评指正，以便再版时加以修正。

目录
CONTENTS

第一章

香茗君子性——走近红茶

红茶的简介

红茶是我国历史悠久的茶类，属全发酵茶，因其冲泡后的茶汤、茶叶以红色为主调，故得此名。红茶的汤色、滋味、香型独特，深受大众喜爱。据统计，在全球茶叶贸易中，红茶占 70％以上的份额，其次才是绿茶、乌龙茶等。

红茶

茶叶的采摘

红茶茶叶色泽乌黑或偏红褐色，冲泡后的茶汤颜色偏红，叶底红亮，滋味醇和，有水果香气。红茶品性温和，有养胃功效，较适合冬天饮用。红茶中含有茶多酚、氨基酸、蛋白质等有益于人体健康的营养物质，是理想的茶饮品。

中国红茶产业发展简史

中国是茶的故乡，是最早发现茶和种植茶的国家。中国人对茶有着特殊的喜好，饮茶已成为人们生活中不可或缺的一部分。

茶伴随着我国古老的文化，历经了五千多年的光辉发展历程。早在唐朝时期，茶圣陆羽所著的《茶经》中就记载着有关茶文化的内容，讲述了茶的发展历程。《茶经》中说："茶之为饮，发乎神农氏。"从那时起，人们便开始对茶进行种植和研究，并传承至今。

茶圣陆羽

红茶彩汤

红茶发源于中国，后来传到世界各地，是世界上消费区域广、产量多、国际贸易量最大的地区，中国产红茶的主要消费区域在欧洲、美洲和亚洲，其次是非洲、大洋洲。国内也有一些传统的消费区域，包括东北、华东、华南、西北等地区。随着东西方文化的交融，饮用红茶的人群和区域越来越多，红茶市场会继续扩大。

古茶树

斗茶图

从茶树被发现至今已有 7000 多年历史。我国茶树品种繁多，六大茶类广为流传。红茶是六大茶类中的一种，最早起源于福建武夷山一带，其种类较多、品质优良。常见的红茶品类有三种，分别是小种红茶、工夫红茶和红碎茶。其中最早出现的是小种红茶。

中国红茶的产销历史跌宕起伏。相关资料显示，南朝宋元徽年间（公元 437~477 年），就有土耳其商人到中国西北边境以物易茶。唐朝时期，中国经常与阿拉伯等国进行贸易往来，中国向周边国家输出茶叶。明朝时期，郑和七次下西洋，将中国的饮茶习俗传播了出去。17 世纪，中国开放海禁。1607 年，荷兰东印度公司首次来中国买茶。1610 年转运至西欧，中国茶开始向西方输出。据称，输出的茶叶中就有小种红茶。此后，红茶逐渐进入英国宫廷，喝红茶迅速成为英国皇室生活不可缺少的一部分。

古茶树

茶树之王

根据与茶有关的资料可知，我国是世界上最早发现古茶树的地方。这棵最古老的茶树位于云南境内，高10米，有800年的历史，被称为“茶树之王”。类似的野生古茶树在我国广东、四川、湖南等地均有发现，被称为世界之最，这是中国茶坛的骄傲和光荣。

中国红茶的兴起

中国早期输出的茶叶主要是绿茶、青茶（乌龙茶）、砖茶。红茶的制法是在青茶的基础上发明的，它将青茶的制作工艺和方法作了些许改变。红茶最早是在福建崇安（现武夷山）桐木关被制作出来的，因此该地可以说是红茶的发源地。1840 年前后，红茶的制作工艺成熟起来。历史上有关红茶的发明有一个有趣的传说：清朝道光年间，社会动荡，过路军队进驻桐木关。为躲避战乱，当地百姓纷纷逃离。由于桐木关盛产茶叶，茶行众多，所以士兵们就在茶行休息住宿，并将仅有七八成干度的茶包铺在地上当床垫。第二天退兵后，茶行老板回来处理湿坯茶，发现袋中的湿坯茶都变红了，并产生了一种特别的味道。由于原有的烘干设备要处理当日收购的湿坯，烘干设备不够用，变红的茶如若丢弃又

红茶

很可惜，只得将茶置于铁锅中，用松柴烘烤。烘干后的茶成了乌色。其特别之处在于，茶叶吸收了松烟而带有松烟香味。这样制成的茶叶在销售时，却意外地引起了外商的兴趣，他们大量订购了这种茶叶。由于销路好，红茶的生产得以继续，红茶被迅速传播到各地。首先，红茶在江西宁州一带流行起来，后扩展到湖北羊楼洞（今赤壁）等地。1842 年鸦片战争结束后，中英签订了不平等的《南京条约》，开放五口通商。很多外商到中国运销茶叶，获得了很大利润，中国的茶叶大量出口，红茶生产地域迅速扩大。当时中国对外贸易的主要口岸是广州，那里贸易繁荣，广东红茶生产得以快速兴起，产地迅速扩大，一些茶商还远赴江西、湖北、湖南、安徽、福建等地茶区生产红茶，以供出口。

19世纪中叶，红茶生产已扩展到湖北五峰、宜昌、鹤峰，湖南平江、安化，福建坦洋、政和、白琳等地。1875年后扩展至江西浮梁、安徽祁门、浙江杭州、江苏宜兴和吴县等地。1886年苏伊士运河开航，中国至西欧的航程大大缩短，可以更好地保持茶叶的新鲜程度，中国茶叶出口贸易发展到顶峰，红茶产地进一步扩展。茶叶出口总量超过13万吨，红茶约占10万吨。1888年我国台湾地区也开始试制红茶。

月光金枝红茶

茶园

红茶

中国红茶产销的沉浮

1914 年第一次世界大战爆发，国内军阀混战，经济凋敝，中国茶叶出口受阻，茶叶产销进入萧条时期。1932 年，中国茶叶出口已减至 3.25 万吨，其中红茶约 5000 吨。当时以吴觉农先生为代表的茶界有识之士，提出要振兴中国茶业，他们于 1935 年提出了《中国茶业复兴计划》。1936 年地方政府在安徽、江西成立了皖赣红茶运销委员会。1937 年，国民政府设立中国茶叶公司。1938 年，吴觉农先生代表国民政府财政部贸易委员会与苏联代表签订了贸易协议，开拓了苏联茶叶市场，促进了茶叶贸易发展。中茶香港富华公司积极开展茶叶出口贸易，使茶叶出口量不断增多。但是后来爆发了日本侵华战争，接着又是三年内战，长期的战乱和国民政府的腐败导致经济凋零、生产经营落后，海运被敌对国封锁，茶叶出口贸易受到了致命打击，出口量极低。这个时期世界红茶市场基本被印度、锡兰（今斯里兰卡）、印尼等国占据。

中国红茶产销的恢复与复兴

新中国成立后，开始大力恢复和发展中国茶叶贸易。新中国成立之初，美国对中国进行了海上封锁，茶叶出口转向苏联和东欧国家。1950年2月，中国与苏联签订了协定，协定的内容是苏联向中国提供3亿美元的贷款，中国以茶叶、农产品等物资来偿还。由于苏联对红茶的需求量较大，中国茶叶公司积极组织各茶区大量生产红茶。除红茶原产区继续扩大生产红茶外，还在浙江绍兴和温州、江苏宜兴、安徽霍山、江西上饶、四川宜宾、贵州湄潭等地开发了新的茶区。1952年形成了祁红、苏红、越红、闽红（政和、坦洋、白琳和小种红茶）、宁红、宜红、湖红、粤红、川红、滇红、黔红等十二大工夫红茶品种。到了1959年，中国茶叶生产量达到15万吨，其中红茶生产量超过4万吨，红茶出口量2.74万吨。1958年春，为将茶叶销售到西方国家，商业部组织工作组到凤庆试制红碎茶。1959年，广东英德茶场制作出了第一批红碎茶。1964年又分别在云南勐海、广东英德、四川新胜、湖北芭蕉、湖南瓮江、江苏芙蓉等地大规模试制红碎茶。1965年，云南、广东、广西、海南等地被有关部门划入红碎茶重点发展地区，红碎茶生产由国营茶场向社队集体茶场推广。20世纪80年代初，红碎茶生产已遍布大部分茶叶主产省市。

祁门红茶

1985 年，中国茶叶市场蓬勃发展，国内绿茶市场的发展形势一片大好，红茶的生产和出口也得到了国家政策的有力支持，因此产量和出口量也都不断增长。1988 年，红茶出口量突破 10 万吨，其中绝大部分是红碎茶。1989 年，红茶生产量超过 13 万吨，占中国茶叶生产总量的 24.5％，达到了历史最高水平。1990 年后，外贸经营体制改革深化，茶叶出口企业自主权扩大，国家价格补贴政策调整，红茶出口卖价低、换汇成本高的劣势突显，在利益的驱使下，一些红茶产区开始将经营重点转向绿茶和其他茶类。此后，红茶生产量和出口量迅速下降。近些年来，出现了一些专门经营红茶的企业，他们致力于振兴中国红茶，为中国红茶的复兴和发展带来了希望的曙光。

中国红茶

红茶的另类传说

关于红茶的来历，有一个很有意思的故事。在大航海时代，从亚洲到欧洲需要很长时间，当时的中国盛产绿茶，商人收集了一批茶叶，准备买到欧洲。可是，经过几个月甚至一年，才到达欧洲，茶叶早已发霉变质。但商人们不想损失钱财，就将变质的茶叶卖给当地人，没想到，茶叶虽然变质，但味道却非常好。欧洲人认为这就是真正的茶叶，就在欧洲流行了起来。这就是最早的红茶。

红茶

红茶的特点

茶叶特点

一般来说，红茶的色泽有乌黑、红褐、棕红等几种不同的类型，其中质量最好的是乌黑油润的，其他次之。还有一些质量较差的红茶呈灰褐、枯黑、青褐等颜色。

制作红茶时，在干燥过程中，发酵茶叶的外表会黏附浓厚的多酶类化合物以及氨基酸、糖类、果胶、蛋白质等其他化合物，这些物质经过高温干燥后会浓缩、干化，茶坯也就由湿变干，其颜色会由红变成乌黑色或者红褐色。在红茶的加工过程中，由于采摘的茶叶有老有嫩，质量不一，有的茶又瘦又薄，内含物较少，还有些茶叶可能受到过重的揉捻重压而使茶汁流失，或因揉捻不出茶汁而使茶色灰枯，因而产生不同的色泽。

乌黑

棕红

汤色特点

红茶的茶汤呈鲜红或橙红色，但由于茶叶色素反映的不同，其汤色会有深浅、亮暗、清浊等分别。

清饮时，其汤色看起来越是红艳、明亮、清澈，质量越好；反之，汤色红暗、淡黄、浑浊的红茶则质量较差。此外，茶汤乳凝，也就是冷后浑，说明此茶是优质红茶。若是在红茶中加入牛奶，优质的红茶会变成均匀而温暖的棕红色。

红茶之所以呈现红色是茶叶中含有的多种水溶性有色物质的综合反映，其中对汤色影响最大的是多酶类成分。如果采摘的鲜叶过度萎凋就会产生红变，或者发酵过度会形成较多的茶红素、茶褐素，这样的红茶冲泡后汤色往往是暗红色的。如果发酵不足，多酶类的氧化产物就不够，或茶叶粗老、多酶类含量低，这样的红茶汤色就会偏淡黄。如果红茶发酵过度或湿茶坯在烘干前堆放时间较长，那么多酶类及其氧化产物与蛋白质的不溶性结合物形成量便会过多，进而造成泡出来的茶汤浑浊。此外，鲜叶如果储存不当会产生微生物反应，这样的茶泡出来也有可能茶汤浑浊。

茶汤

茶汤

茶味特点

相较于绿茶或乌龙茶，红茶具有独特的馥郁花香与水果甜香。之所以会这样，是因为红茶在发酵时发生了复杂的化学反应，茶叶中的醛类、醇类、酮类、酯类等芳香物质剧增，而这些物质都具有果香或花香。

滇红茶汤

即便如此，不同红茶的香气也各有不同，这是因为其香气受茶树种类、鲜叶品种、产地、季节等影响。如小种红茶香气高长并带有松烟香，冲泡之后茶汤带有一些桂圆香；祁红香气浓郁，其茶汤之中带有蜜香，又蕴含着兰花之香，令人难忘；滇红之香又与以上两种不同，其香气高鲜，刺激性较强，犹如鲜花之香；等等。

烟小种干茶

茶道“四谛”

“和”是中国茶道的灵魂，是中国茶道中哲学思想的核心。茶道的“和”其实就是中国佛、道、儒三家思想融合的具体体现。

“静”是中国茶道灵魂得以实现的基础，没有“静”的氛围和“静”的心灵，“和”也就变得残缺。

“怡”是灵魂的跳动，是脉搏，是瞬间的人生顿悟和心境感受，是淡雅生命中的一丝丝感动和一次次颤抖。

“真”是中国茶道的终极目标，是品茶人的心灵寄托，是白水中的人生五味，是无字书里的千言万语。“真”是“和”的真，“静”的真，“怡”的真。“真”不是真假的真，而是人生真善美的真。“真”是参悟，是透彻，是从容……

红茶的种类

中国红茶

红茶是中国六大茶类中的重要品类之一，按其制造工艺的不同又可细分为小种红茶、工夫红茶和红碎茶三大品种。小种红茶和工夫红茶又统称为红条茶。这三大品种的制造程序和制造原理基本相同，若按茶树品种和生产地域分又可细分为若干品种。红茶制作的最大特点就是利用鲜叶中的多酚类活性酶和空气中氧的共同作用，使茶叶中的多酚类物质氧化缩合形成红茶的品质特色。三种红茶在制造工艺上有些区别，因此各具特色。

小种红茶

小种红茶的加工工艺最早出现在崇安（今福建武夷山）。在安徽祁门一带，出现了工夫红茶。安徽祁门最初盛产绿茶，自引进红茶后，就成了红茶的主要生产区域。安徽祁门红茶享有盛名，因为它有着独特的加工工艺和别具一格的内在品质。安徽祁门红茶是唯一被列为中国十大名茶之一的红茶茶类。

小种红茶茶汤

小种红茶

1. 小种红茶

小种红茶是福建特有品种，产于武夷山桐木关一带。依据原料产地和熏烟加工方法的不同，可细分为正山小种和烟小种。小种红茶的最大特色就是在烘干阶段采用松木柴边熏烟边干燥，继而形成特有的松烟香，并带有桂圆味。

2. 工夫红茶

工夫红茶的制作是以小种红茶为基础的。工夫红茶是条形茶，在制作中基本不破坏芽叶的完整性，经揉捻形成条状。很多地区都产工夫红茶，因此有很多品种，这些品种大多以产地命名。工夫红茶共同的品质特点是，外形条索细紧，汤色红艳，色泽乌润，香气芬芳鲜爽，滋味醇厚甘甜，叶底细嫩红亮。各地的不同品种有所差异。

工夫红茶

红碎茶

3. 红碎茶

红碎茶是在揉捻过程中，将鲜茶叶切碎，形成颗粒状的碎茶。红碎茶产品分为叶茶、碎茶、片茶、末茶四种。红碎茶外形紧卷呈颗粒状，重实匀齐，色泽乌润，汤色红艳明亮，滋味醇厚，叶底棕红亮泽。中国红碎茶刚生产出来的时候叫分级红茶。1967 年，中华人民共和国对外贸易部正式将这种茶命名为红碎茶，并根据生产地域、茶树品种、产品质量制订了四套统一加工标准样，在不同地区生产使用。其中，第一套样适用于云南，云南种植的是大叶种，其品质特点是外形壮实紧结，金黄色毫尖多，汤色红艳，香味鲜浓，刺激性强，叶底肥嫩红亮；第二套样适用于种植大、中叶种的海南、广东、广西、贵州（部分）等地，其品质特点是汤色红亮，香气鲜爽，滋味浓强，叶底红亮；第三套样适用于中、小叶种的四川、贵州、湖北、湖南（部分）、福建等地，其品质特点是外形紧结，香气清高，滋味较浓；第四套样适用于小叶种茶树生产红碎茶的湖南（部分）、江苏、浙江等地，其品质特点是香气清高，滋味浓爽。

红碎茶

中国的红茶品质优良，驰名中外。小种红茶和工夫红茶是中国独有的产品，曾广受西方国家上流社会欢迎。祁门红茶、浮红、坦洋工夫、安化红茶在 1915 年巴拿马世博会上曾获得国际金奖；滇红、祁红被国家列为外交礼茶。

中国红碎茶的历史虽然没那么悠久，但第一套样、第二套样地区生产的红碎茶均可与印度、斯里兰卡、肯尼亚生产的红茶比肩。其他地区生产的红碎茶也各有特色，可以满足不同消费人群的需要。

印度红茶

古人烹茶的图画

荷露烹茶

清 · 乾隆

秋荷叶上露珠流，柄柄倾来盎盎收。

白帝精灵青女气，惠山竹鼎越窑瓯。

学仙笑彼金盘妄，宜咏欣兹玉乳浮。

李相若曾经识此，底须置驿远驰求。

大吉岭红茶

大吉岭红茶

外国红茶

1. 大吉岭红茶

大吉岭红茶的产地位于印度西孟加拉省北部喜马拉雅山麓的大吉岭高原一带。当地年平均气温约为15℃，白天日照充足，但昼夜温差大，谷地里常年云雾弥漫，特殊的气候条件使大吉岭红茶带有独特的芳香。大吉岭红茶价格较昂贵，其中5月至6月采摘的二号茶最有名，被誉为“红茶中的香槟”。3月至4月采摘的一号茶颜色青绿，二号茶颜色金黄。其汤色橙黄，气味清香，质量佳的还带有葡萄香，口感细致柔和。大吉岭红茶以清饮最佳，冲泡时需稍久焖（约5分钟），因为茶叶较大，茶叶必须在水中完全舒展开，才能得其味。

2. 锡兰高地红茶

锡兰高地红茶出产于斯里兰卡，其主要品种有乌沃茶、汀布拉茶和努沃勒埃利耶茶。其中乌沃茶最受欢迎，它产于山岳地带的东侧，此地常年云雾缭绕，冬季吹送东北季风，降水较多，不利于茶园生产，以 7 月至 9 月采摘的茶叶品质最优。汀布拉茶和努沃勒埃利耶茶产于山岳地带西侧，这里受夏季西南季风影响，夏季降水量大，因此 1 月至 3 月收获的茶叶最佳。锡兰的高地红茶通常制为碎形茶，颜色赤褐。其中的乌沃茶汤色橙红明亮，上品的汤面还有金黄色的光圈，令人赏心悦目；其滋味独特，带有薄荷、铃兰的芳香，虽较苦涩，但回味甘甜。乌沃茶风味强劲、口感厚重，适合泡煮香浓奶茶。汀布拉茶汤色鲜红，滋味爽口柔和，带花香，涩味较轻。努沃勒埃利耶茶色、香、味都比前二者淡，汤色橙黄，香味清芬，口感稍近绿茶。

锡兰高地红茶

3. 阿萨姆红茶

阿萨姆红茶的产地位于印度东北喜马拉雅山麓的阿萨姆溪谷一带。当地日照强烈，茶树生长在另一种树的庇荫之下；当地降水较多，因此阿萨姆大叶种茶树生长得很茂盛。6 月至 7 月采摘的茶叶质量最好，但 10 月至 11 月产的秋茶较香。阿萨姆红茶的茶叶外形细扁，颜色深褐，汤色深红中稍带褐色，拌有淡淡的麦芽香、玫瑰香，滋味浓醇，属烈茶，最适合冬季饮用。

阿萨姆红茶

红茶的主要产区

红茶的种植地域很广。其中，中国、印度和斯里兰卡是世界三大红茶生产国。

中国的红茶产区

中国主要的红茶产区，分布在江南茶区的安徽、浙江、江西、江苏等地，华南茶区的广东、广西、海南、福建、台湾等地，及西南茶区的云南、四川等地。

云南茶山

四大茶区

江南茶区。在长江以南，大樟溪、雁石溪、梅江、连江以北，包括广东北部、广西北部、福建中北部、湖南、江西、浙江、湖北南部、安徽南部、江苏南部等地。此茶区主要产绿茶、乌龙茶、黑茶、白茶、花茶等，名品有西湖龙井、洞庭碧螺春、黄山毛峰、安华黑茶、福鼎白茶等。

江北茶区。位于长江以北，秦岭淮河以南及山东沂河以东部分地区，包括甘肃南部、陕西南部、河南南部、山东东南部、湖北北部、安徽北部、江苏北部等地，是我国最靠北的茶区。此地主产绿茶，如信阳毛尖、紫阳毛尖、雪青茶等。

华南茶区。主要包括福建大樟溪、雁石溪，广东梅江、连江，广西浔江、红水河，云南南盘江、无量山、保山、盈江以南等地区；还包括福建东南部、广东中南部、广西南部、云南南部及海南、台湾。此地茶类丰富，有红茶、绿茶、黑茶、乌龙茶和花茶等，名品包括海红工夫、铁观音、六堡茶、高山乌龙、冻顶乌龙等。

西南茶区。它是我国最古老的的茶区，是茶树的原产地。该茶区位于米伦山及大巴山以南，红水河、南盘江、盈江以北，神农架、巫山、方斗山、武陵山以西，大渡河以东，包括云南中北部、四川、重庆、贵州及西藏东南部。茶类品种有绿茶、红茶、普洱茶、边销茶和花茶等，如永川秀芽、贵定云雾茶、康砖、方包茶等。

福建茶山

华南茶区

印度和斯里兰卡的红茶产区

中国的种茶历史虽然很悠久，但印度和斯里兰的自然条件更适合种植红茶，因此这两个国家也是重要的红茶产区，红茶出口量很大。

印度是世界上红茶产量最大的国家，主要产区在印度东北部的阿萨姆、大吉岭以及南部的尼尔基里，其中阿萨姆是全球最大的红茶产地。斯里兰卡的红茶产区在其南部的中央山脉一带。

印度红茶产区

印尼红茶产区

东非和印尼的红茶产区

东非的气候、环境也非常适合茶树的生长，其红茶产量在世界上也名列前茅，属于20世纪新兴的产茶地区之一。其中肯尼亚产的红茶质量最佳。

印尼也是一个有着悠久的茶树栽培历史的国度，其茶区以爪哇岛及苏门答腊为中心，当地所产的红茶有一种特别轻柔的香味。

红茶的制作过程

红茶的传统制法包括采摘、萎凋、揉捻、发酵和干燥等工序，初制成毛茶后，再精加工或混合后进行包装，最后就可以进入市场。这种制法是工夫红茶（尤其是高级红茶）的主要制作方法。

工夫红茶

采摘

采摘红茶多由人工完成，采茶工人用拇指和食指摘下茶树的一芽二、三叶。晴天的早晨是最佳采茶时间。摘下鲜叶后再剔除夹杂物，并根据其品质进行分类。

茶叶的采摘

茶叶的采摘

茶叶的采摘受季节影响较大，一般分春茶、夏茶、秋茶，华南地区还有冬茶。通常来说，长江中下游茶区，3 月至 5 月为春茶期，春茶结束 10 天后，便可采摘夏茶，秋茶则与夏茶无明显间隔；华南茶区则从 2 月至 3 月开始采摘，可以一直持续下去。春茶有 5~10 天、夏茶有 3 ~ 4 天是茶叶生长迅速的时期，此时茶区会非常繁忙。科学的采摘方式应是春茶、夏茶多采少留，秋茶少采多留。

萎凋

红茶的萎凋是指鲜叶蒸发部分水分并开始内部变化的过程。萎凋后的茶叶在失水的同时会发生多酚类氧化、氨基酸增加等化学变化。萎凋时的茶叶最易于揉捻成条。如今，萎凋流程都是使用机械完成的，通常将鲜叶摊于温度 24℃ ~ 28℃的室内的萎凋槽内加温。

萎凋

揉捻

揉捻

红茶的揉捻是指破坏萎凋后茶叶的叶细胞，榨出茶叶汁并卷条的过程。揉捻之后，红茶的内质基本形成。经过揉捻，不仅会使茶叶形成美观的外形，而且可以促进叶内各种化学物质进行强烈的氧化作用，导致茶多酚、叶绿素和蛋白质等的进一步变化。

红茶揉捻机

发酵

红茶的发酵是指揉捻叶继续氧化的过程，这一过程处理得当，红茶成品才会叶红汤红，并形成鲜醇的滋味。在氧化过程中，红茶内含的多酚类氧化物聚合成茶黄素和茶红素，部分咖啡因和多酚类氧化物结合，芳香物质可增加到 300 多种。其实，在揉捻过程中，红茶已经开始氧化，在继续氧化期间，一定要控制好时间长短，否则会影响红茶质量。

红茶发酵机

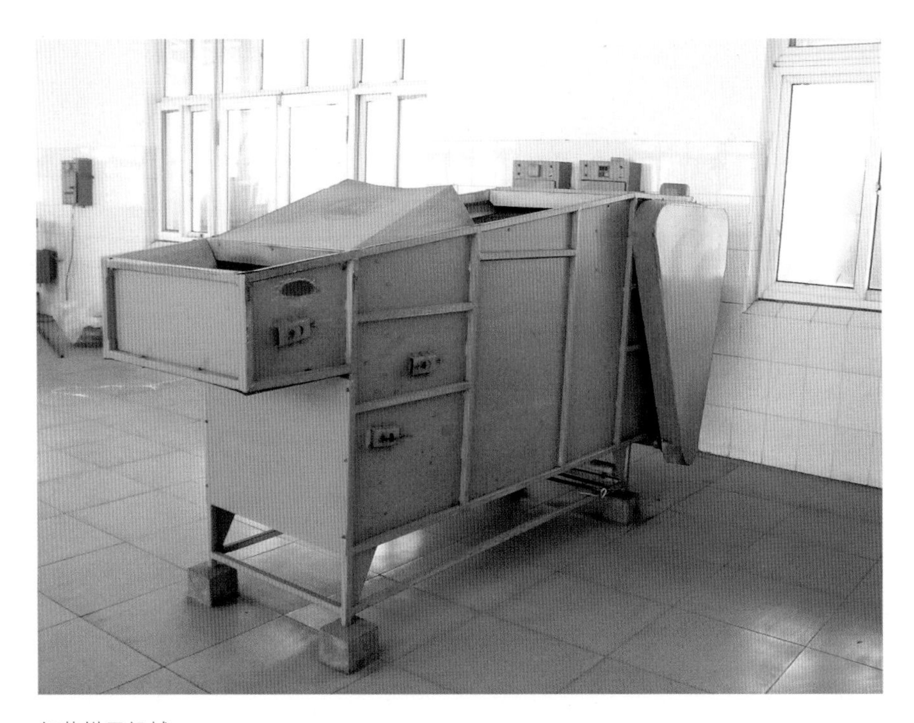

红茶烘干机械

烘干

红茶的烘干是指通过高温烘焙使茶叶中的水分蒸发，其目的是停止发酵，阻止茶叶进一步氧化，固定发酵形成的物质，并烘干茶叶以便于储存。现在的烘干程序都是机械化的，将茶叶置于100℃以上的热空气中，使其形成紫褐色。此时茶叶的含水量减少至5％，并透出糖香，形成毛茶。

红茶的功效

我国大多数名茶都生长在生态环境优越的名山胜水之间，它们纳山川之灵气，集天地之精华。红茶中含有丰富的营养物质，如糖类含量较高，还有大量的酚类物质，如茶多酚、儿茶素等。长期饮茶对人体有一定的保健功效，对一些疾病的预防和控制也能起到辅助的效果。红茶的茶性温和，对健脾胃、消食、化痰、开胃、养颜有一定功效。

红碎茶

提神解乏

红茶中含有大量的咖啡因，而咖啡因可以刺激大脑的神经中枢，使人思维敏捷，增强记忆力。同时红茶中的咖啡因还可以兴奋人的血管系统和心脏，加快血液循环和新陈代谢，发汗和利尿，从而排出人体内的废物，解除疲乏。

干茶

阿隆姆红茶

解毒助消化

随着生活水平的不断提高，人们吃得越来越丰盛。过多食用大鱼大肉不利于身体健康，常常导致消化不良，进而引发各种病症。久而久之，很多毒素就会积压在体内。又由于现代人生活节奏快，工作的压力大，很多人经常熬夜，这也会阻碍身体排毒。红茶中含有丰富的茶多酚、生物碱和咖啡因等利于排除体内毒素的物质。常饮红茶，有助于消化和改善肠胃功能，通过尿液来大量排除体内的有害物质，从而起到一定的维护身体健康的效果。

小种红茶

生津清热

红茶中的多酚类、糖类、氨基酸、果胶等可刺激唾液分泌，滋润口腔，并且产生清凉感，因此夏天饮红茶能止渴消暑。

利尿

红茶中的咖啡因和芳香物质可以增加肾脏的血流量，提高肾小球过滤率，扩张肾微血管，增加尿量，这样就会促进体内的乳酸、尿酸（与痛风有关）、过多的盐分（与高血压有关）等有害物排出，可以缓解心脏病或肾炎造成的水肿。

消炎杀菌

红茶中的多酚类化合物可以消炎，同时红茶中的儿茶素类能与单细胞的细菌结合，使蛋白质凝固沉淀，进而能抑制和消灭病原菌。所以患有细菌性痢疾及食物中毒者可以多喝红茶。民间常用浓茶涂伤口、褥疮和泡香港脚也是这个道理。

红茶

正山小种

养胃护胃

红茶是经过完全发酵烘制而成，对胃部有刺激作用的茶多酚在氧化酶的作用下发生酶促氢化反应，含量减少，自然就会大大减少对胃部的刺激。红茶性温，不仅不会伤胃，还能保护胃，非常适合冬天饮用，能起到驱寒暖胃的功效，尤其适合体寒的女性。经常饮用加糖、加牛奶的红茶，能消炎、保护胃黏膜，对胃溃疡患者有益。

美容养颜

长期饮红茶有利于保护皮肤。这是因为红茶中的芳香物质有一定的促进皮肤新陈代谢的功效。特别是女性朋友，长期饮用红茶，有利于血液循环，从而促进新陈代谢，可使肌肤有光泽。据国外相关研究显示，红茶营养成分的抗衰老功效比胡萝卜素、羊胎素等保健品的功效还要明显。

强壮骨骼

2002 年美国医师协会经调查证实，饮用红茶对人体骨骼有好处。红茶中的多酚类（绿茶中也有）有抑制破坏骨细胞物质活力的作用。因此，常饮用可以有效预防骨质疏松症。在红茶中加入柠檬，强壮骨骼效果更好。

活血降脂

红茶具有一定的活血作用，每天适当地饮用红茶，可以起到降脂的作用。喜欢运动的朋友，在运动后喝上一杯香醇的红茶，对降血压、降脂肪会起到更好的作用。

烟小种

预防感冒

红茶中的黄酮类化合物具有杀灭食物中的有毒菌、使流感病毒失去传染力的抗菌作用，因而可以预防感冒。

冰红茶

第二章

高尚华美——红茶文化

中国的红茶文化

中国种植红茶的历史很悠久，中国人饮红茶主要是清饮。清饮可以品饮红茶中的真味，这跟中国茶文化是一脉相承的。

在中国人的日常生活中，饮用红茶是比较随性的，并无规范的形式或时间，人们更重视的是饮茶的闲适气氛。若有客人来访，主人以红茶招待，把茶言欢，其乐融融。

紫砂茶具

当然，在茶道里，红茶的品饮就有讲究了，除了泡茶、饮茶、奉茶等行为有特定的仪式外，对于饮茶的环境、饮茶者的修养也是有所要求的。中国茶道朴素而静雅，追求和、静、清、寂、融的境界，这种情感通过茶艺的表现形式表达出来，使饮茶者感到平静与和谐。中国红茶文化与茶文化一脉相承，随意而闲适，追求人与人、人与自然的融和。

妙玉

雪水煮茶

曹雪芹在《红楼梦》里运用了不少笔墨写妙玉用雪水煮茶，这可不是曹雪芹故弄玄妙，古人确实有用雨水、雪水煮茶的习惯。唐人陆龟蒙在《煮茶》诗中写道：“闲来松间坐，看煮松上雪。”宋朝苏轼在《记梦回文二首并叙》诗前叙中也说过“梦文以雪水煮小团茶”。这些都反映了古人以雪水煮茶的风俗。雪水煮茶对于今人来说显得不可思议，但是古代工业不发达，大气很少受到污染，所以那时的雨水、雪水要比今天所见的雨水、雪水洁净得多，故而可以食用。古人将雨水、雪水称为“天水”，尤其是雪水，冰清玉洁，在大雪纷飞之日，小心收集，烹煮香茗，何等风雅。

英国的红茶文化

红茶虽是中国的产物，但在国际市场上却颇受喜爱，尤其是受到英国人的追捧。现在人们所提到的红茶文化，其实主要指英国的红茶文化。红茶刚传到英国的时候，主要流行于达官显贵之间，后来才普及至民间。红茶最流行的时期，正是英国国势最强的时候，因此丰富华美的红茶文化仿佛是当时大英帝国的缩影。对于英国人来说，红茶不仅是一种浓厚香醇的饮品，还抚慰着人们的心灵，浓缩着传统的文化与礼仪精华。与中国红茶文化不同的是，英国的红茶文化更注重社交性，对喝茶的时间和礼仪都有较为明确的规范。

英国的红茶文化

红茶文化对英国文化的影响

17 世纪、18 世纪，英国关于茶的文学作品和绘画作品不断增多，许多英国作家都对红茶爱不释手。如女作家简·奥斯汀不但对饮用红茶有很浓厚的兴趣，而且还将此喜好写进了《傲慢与偏见》一书中，书中的人物如宾利、达西和伊丽莎白等在用完餐之后，都有饮用红茶的习惯。从中不难看出当时英国中产阶级是非常钟爱红茶的，红茶文化已对英国文化产生了潜移默化的影响。

茶汤红亮

英式下午茶

作家西德尼·史密斯曾在他的作品中写道:“红茶是一种伟大的饮料,如果没有红茶,世界就会变得枯燥无味,我真庆幸我能在红茶问世之后才出生。”另一位作家知治·吉辛·冲察则在《草堂随笔》中讲到,英国家庭每日享用红茶、面包、黄油以及其他小吃是最幸福的事。18世纪的英国文坛名人约翰生博士也喜欢饮用红茶。当时有人发表了饮用红茶对身体不好,而且危害国家经济的言论,约翰生博士为此专门在《文学杂志》上撰文批判这种言论为无稽之谈。

18世纪中期以后,英国民间出现了许多红茶俱乐部,定期或不定期地举办茶会,不少文化人士在茶会上评议时政、谈论文艺的同时,也推广宣传了红茶知识,对社会文化与风尚产生了重要影响。

下午茶文化

下午茶文化是集英国红茶文化之大成的一门综合艺术。在英国的社交生活中，红茶占有重要地位，而下午茶堪称社交的入门。

英国人对下午茶的热衷程度可以从一首英国民谣中窥探一二："当钟敲响 4 下时，世上的一切瞬间为茶而停。"英国大作家萧伯纳曾说："破落户的英国绅士，一旦卖掉了最后的礼服，那钱往往还是用来饮下午茶的。"

英国下午茶

英国下午茶

下午茶的出现最初是为了消除下午的饥饿感，但随着英国贵族茶会沙龙的举办，下午茶逐渐变成了具有社交意味的华丽而优雅的茶会。下午茶在维多利亚时代被正式命名，它是贵族精致生活的象征。之后，英国的下午茶又受到中国、荷兰等饮茶风俗的影响，并与本国的风土人情与文化艺术结合，下午茶的礼仪以及茶会的优雅风格逐渐成熟，最终形成了具有固定饮茶礼仪的社交沙龙。

这种下午茶文化也逐渐影响了世界。现在，许多国家的人们都有在闲暇的下午时光，与朋友或家人共同品茶的习惯。发展到今天，下午茶的含义变得更加丰富，它不再局限于原有的茶类或礼仪，无论是讲究的正式茶聚，还是可以不喝茶只吃点心的餐饮，都可以称为下午茶。

英国下午茶

精致的下午茶

传统英式下午茶的必备条件

1. 精美的茶叶、茶具和茶点

要准备下午茶，首先要有质量好的茶叶、茶具和茶点。下午茶的茶叶通常选取中国祁门红茶、印度大吉岭红茶和锡兰红茶等名品。早期的英式下午茶主要选用中国的祁门红茶，但由于路途遥远、价格昂贵，普通人享用不起。后来用在印度及斯里兰卡种植的红茶，因价格便宜而广受欢迎。

精致的茶具　　茶点

传统的英式下午茶秉承了维多利亚时代的规矩，对器具有很多要求，需要配备茶壶、茶杯、茶匙、茶叶罐、茶壶暖罩、糖罐、奶盅瓶、茶巾、点心盘、茶刀、吃蛋糕的叉子、放茶渣的碗、木头托盘、托盘垫、茶桌桌巾、鲜花等。下午茶的茶壶通常是瓷制或银制。瓷制的保温性能好且制作精美，银制的则显得华丽精致。茶壶造型通常会选矮胖略呈圆形的，至于选两人壶、四人壶还是六人壶要根据客人数量而定。茶壶上通常会置一个茶壶暖罩以作保温之用。茶杯以瓷制为佳，内侧多为纯白色，有把手，并配以瓷制托盘。茶杯比咖啡杯略大些，且杯壁更厚些。茶匙在摆放时需与茶杯呈 45 度角。茶巾用于擦干器皿。

英式正统维多利亚下午茶的点心盘是三层瓷盘：第一层放三明治，第二层放传统英式烤饼，第三层放蛋糕和水果沙拉。在食用时，取食顺序不能打乱，要从下到上取食。下午茶的茶点大多制作精致，口味要清淡，不能影响了红茶的滋味。茶点根据不同季节会有变化。

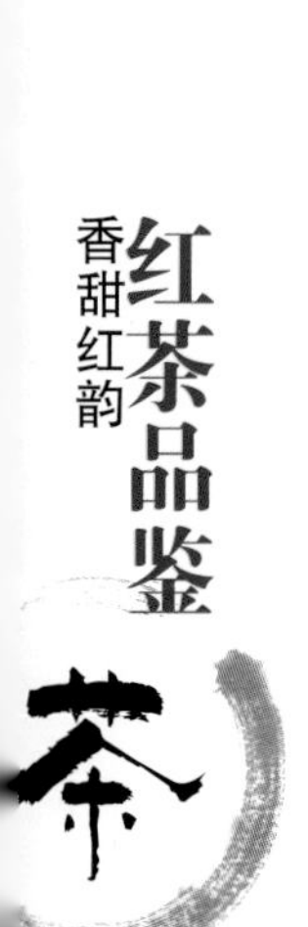

备受英国人喜爱的松饼

松饼是英国传统的下午茶茶点之一。松饼（Scone），又称“英国茶饼”“英国司康饼”。据说 Scone 的名字来源于苏格兰的司康宫（Scorle Palace），有一块“命运之石”摆放在那里的一座教堂内，历代苏格兰国王加冕时都要坐在那块石头上，而 Scone 就是模仿那块石头的形状做出来的。松饼由小麦、大麦或麦片制成，通常还裹有甜葡萄干、无核小葡萄干、奶酪或枣，英国人很喜欢这道茶点，现在在很多英国酒店享用下午茶时还可以买到。刚做出来的松饼最好吃，传统吃法是直接用手将松饼横掰成两半，然后在其中一半上涂上厚厚的奶油，紧接着再涂上草莓酱，然后将两片合二为一。此时吃起来，外酥内松，香醇无比。如果松饼已经冷硬，可以用刀剖开再涂抹奶油和果酱。

英式松饼

英式下午茶

2. 讲究的冲饮程序

下午茶的冲饮程序是有讲究的。需先用开水热一下茶壶，再放入茶叶冲泡，此时要浸泡一会儿，茶叶的浸泡时间要控制得当。冲泡奶茶时，要先在茶杯中倒入一点冷牛奶，再把已泡好的热红茶冲入杯中，最后加糖。待冲泡多次以后，茶渣也不会浪费，大家会将其放在面包上伴着黄油吃下。

英式下午茶

3. 精致的饮茶环境

对于英国上流社会的人来说，下午茶不仅仅是喝茶聊天的时间，更是显示财富、地位以及风度的机会，所以下午茶的品饮环境特别重要。在维多利亚时代，下午茶一般会以富丽堂皇的客厅或精致的庭院为品饮场所，且还会邀请弦乐队表演，男士要身着燕尾服，女士则身着华丽的长裙。现在每年在白金汉宫举行的正式下午茶会，男性来宾仍身着燕尾服、戴高帽且手持雨伞，女性嘉宾则穿洋装，还必须要戴礼帽。

4. 典雅的女主人

英国人认为，一个有良好教养的女子是必须掌握茶艺的，因此英国贵族女子在进入社交界之前都须研习茶艺。在下午茶会中女主人可以尽情展示其娴熟的茶艺，女主人在下午茶会上的良好发挥对丈夫的事业也是有帮助的。举办下午茶会时，女主人要为每位客人沏泡香浓醇厚的红茶，还要在倒茶前询问喜欢浓还是淡，放多少糖等，以便客人获得最舒适的享受。此外，女主人还要善于主持茶会，能够引导谈话话题，使现场气氛热烈融洽。在一场成功的下午茶会上，女主人典雅的气质、出众的茶艺，以及高超的社交能力都可以充分显露出来。

典雅的女主人

5. 规范的饮茶礼仪

英式下午茶是沿袭社交礼节，展示绅士、淑女风采的舞台，也是评判个人文化修养和家庭教养的试金石，因此下午茶会中的饮茶社交礼仪不容忽视。在品饮下午茶时，餐具的摆放方式、用餐礼节、冲泡茶艺等都要符合规范，如茶水不能泼出，面包咬食要小口，在茶点架上取茶点要遵循先后顺序。此外，还要注意言谈举止是否礼貌得体，要把握好度，既要表现谈话的深度，又不能说教卖弄。当时上流社会的父母为了尽早培养子女的社交礼仪，还专门设计了“幼儿房茶会”，在佣人协助下，让孩子担任主人，邀请其他儿童喝茶，以培养他们的用餐礼仪。

英式下午茶

下午茶点心

现在，传统英式下午茶的繁复礼节已多被摒弃，但正确的冲泡方式、优雅的茶具摆设以及丰盛的茶点这三项内容仍旧不可忽视，它们是英国红茶文化的重要组成。

现代英式下午茶

随着时间的推移，英式下午茶已不再是贵族的专利，民间也开始举办各式各样的茶会活动。现代英式下午茶没有以前那么多讲究，地点可以是私宅，也可以是公众场合，很多西餐厅也提供下午茶招徕顾客。唯一不变的是，下午茶会的主人会尽力布置出优雅舒适的环境，摆上精致华美的茶具，准备好优质红茶和各色糕点，以便客人们能尽情享受悠闲轻松的联谊气氛。

现代英式下午茶

下午茶

现在，一般的英国家庭举办下午茶会会选在周末，他们会邀请朋友到家里喝茶，共度美好时光。在现代英式下午茶中，主人也会准备优质的红茶，并提供足量的鲜奶、砂糖、柠檬片等，以供客人的不同需求；还会摆放一些适宜的点心，如夏天多是清爽的糕饼、布丁、果冻等，冬天则选择加入牛油或奶油的点心。现代下午茶多是在户外的庭院中举办；如果在室内，多是在廊下或落地窗前，旁边往往会摆放盆栽或鲜花。冬天，英国人便在明亮的客厅举办下午茶会，茶几设在火炉边，大家可以一边饮茶聊天，一边轻松地打桥牌，共度一段温暖时光。

荷兰人的红茶文化

在荷兰，起初只有上流社会的人才能喝到红茶。当时荷兰人饮茶的器具比较特别，不是杯子，而是用碟子。茶沏好以后，将茶汤分别倒入碟子里，客人喝茶时要发出“啧啧”的声响，这样才能表示出对女主人的感谢和对茶叶的赞美。后来随着贸易的发展，红茶走入普通人家，形成了饮早茶、午茶、晚茶的风气和迎客、敬茶等一套以茶待客的严谨礼节。

玻璃茶具

第三章

斗茶品茗——用心泡好茶

识茶具

茶壶

在泡茶的过程中，茶壶是最重要的茶具。若想泡得好茶，就必须准备一个好茶壶。好的茶壶壶嘴出水要流畅，不淋滚茶汁，不溅水花；壶身宜浅不宜深，壶盖要紧；其构造要方便置入茶叶，有足够的容水量。还要选择与所冲泡的茶叶相匹配的质地，这样才能将茶的特色发挥得淋漓尽致。

茶壶

品茗杯

品茗杯

品茗杯也就是用来品饮茶汤的茶杯。

常用的品茗杯有三种，分别是白瓷杯、紫砂杯和玻璃杯。

选择品茗杯需注意四个要点：小、浅、薄、白。小是说要一啜而尽；浅则水不留底；质薄如纸使其得以起香；色白如玉用以衬托茶的颜色。

盖碗

盖碗

盖碗，又名三才杯。三才指的是天、地、人。茶盖在上，代表“天”，茶碗居中，代表“人”，茶托在下，代表“地”。盖碗是中国茶文化天人合一的精髓展示。

随手泡

绝大多数工夫茶都需要用沸水冲泡，而饮水机或大型电茶炉里的“开水”通常只有80℃左右，用这样的水泡出的茶滋味不好。随手泡是现代泡茶时最常用而方便的烧水用具。而且可随时给水加热，以保证茶汤的效果。

随手泡

茶盘

为了盛接泡茶过程中流出或倒掉的茶水，我们还需要茶盘，用来盛放茶杯等其他茶具，也可以用来摆放茶杯。茶盘材质广泛，款式多样，有圆形、长方形等形状，优质的菜盘具有宽、平、浅、白的特点，宽是指盘面要宽，可以多放茶具；平是指盘底要平，可以使茶具稳固；浅是指盘边要浅，白是指茶盘的颜色，主要是为了烘托茶具增加美观。

茶盘

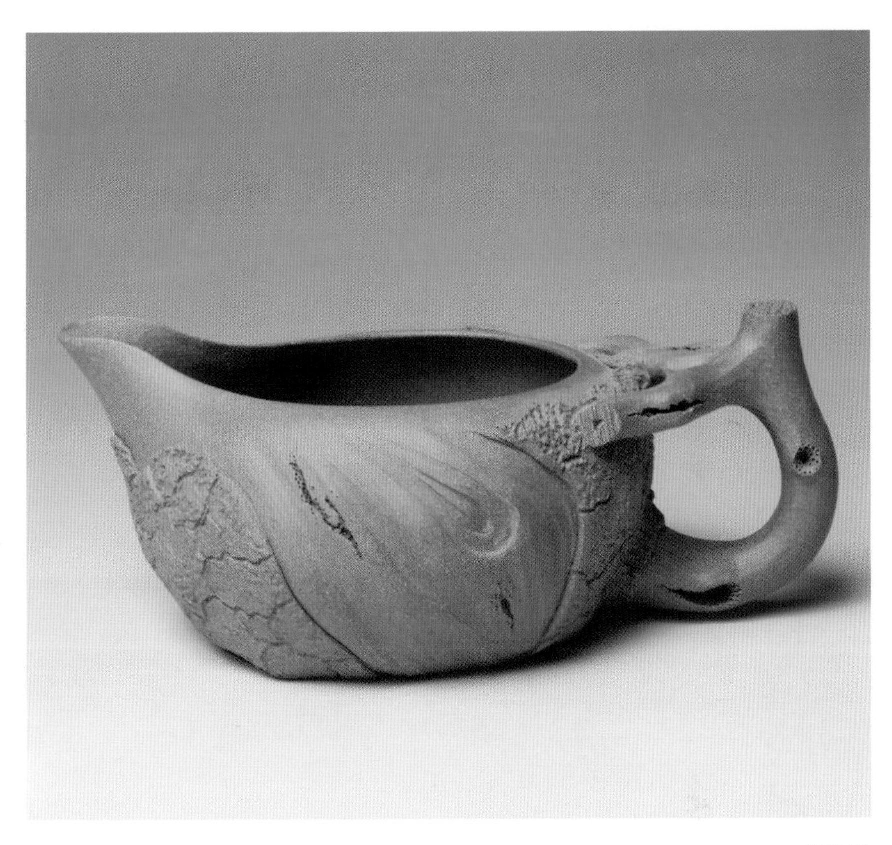

公道杯

公道杯

公道杯又名茶盅、茶海、母杯。在茶壶中冲泡出茶汤后，可将其倒入公道杯中，然后再均分给客人。它的主要作用还在于公道，使每杯茶的浓淡一致，没有偏私，不管是高官显贵还是布衣百姓，在同一个茶盘前，地位都是平等的。

过滤网

过滤网的作用是过滤茶渣，是放在公道杯上使用的，不用时放在滤网架上。过滤网要注意保持清洁。

滤网架

滤网架是用来放置滤网的器具，材质多样，有瓷制、不锈钢制、铁制等；款式丰富，有动物状、人手状等，一般制作精美。铁质的滤网架容易生锈，瓷、不锈钢质地的滤网架最常用。如果选择铁质的滤网架，用完要及时清洗、擦干，不宜长时间浸泡在水中。

过滤网和滤网架

闻香杯

闻香杯

闻香杯是外形细长的杯子，与品茗杯配套，质地相同。闻香杯可以有效地保留茶叶的香味，是用来闻香的，多在冲泡浓香的乌龙茶时使用。

闻香杯的材质以瓷为主，因为紫砂的吸附力强，香气会被吸附在紫砂里面。

茶巾

茶巾也叫茶布，用来擦拭泡茶过程中茶具上的水渍、茶渍，特别是茶壶、品茗杯等的侧部、底部的水渍和茶渍。需要注意的是，茶巾是专门用来擦拭茶具的，而且是擦拭茶具饮茶、出茶汤以外的部位，清理泡茶桌上的水、污渍、果皮等物不能使用茶巾。

茶巾

茶壶和壶承

壶承

壶承也叫壶托，是用来放置茶壶的。壶里若溅出沸水会落在壶承上，可以保持茶桌的清洁。壶承通常有紫砂、陶、瓷等质地，可以和相同材质的壶配套使用，也可随意组合。壶承有单层和双层之分，多数为圆形或增加了一些装饰变化的圆形。

壶盖和盖置

杯垫

盖置

又名盖托，是用来放置壶盖、杯盖的器物。为了避免壶盖上的水滴到桌面上，或壶盖接触到桌面，通常会把壶盖放置在盖置上。盖置多为“托垫式”，且盘面应大于壶盖，并有汇集水滴的凹槽。

杯垫

杯垫也就是杯托，顾名思义是用来放置茶杯、闻香杯的，可以避免杯里或底部的水溅湿茶桌，还可有效保护杯具。使用后的杯垫要及时清洗，如果是木制或者竹制的杯托，还要注意用完后保持干燥。

茶荷

是盛放待泡干茶的器皿，从茶罐里取出的干茶可暂时放在茶荷中，另外还可以为大家赏茶提供方便。茶荷多为竹制品，既有实用性又具观赏性，一举两得。没有茶荷时可用质地较硬的厚纸板折成茶荷形状代替。

茶荷

茶道六君子

茶道六君子

茶道六君子是以茶筒归拢的茶针、茶夹、茶匙、茶则、茶漏六件泡茶工具的合称。

茶针：疏通壶嘴堵塞或疏通茶壶的内网，保证水流通畅。茶夹：温杯以及需要给别人取茶杯时夹取品茗杯。茶匙：从茶荷或茶罐中拨取茶叶。茶则：从茶罐中量取干茶。茶漏：放茶叶时放置在壶口，扩大壶口面积防止茶叶溢出。茶筒：盛放茶夹、茶漏、茶匙、茶则、茶针。

评好水

古语有云："水为茶之母"，由此可见，泡好茶离不开好水。明朝学者许次纾在《茶疏》中说："精茗蕴香，借水而发，无水不可论茶也。"

只有名茶配好水，才能泡出一杯真正好滋味的茶，让饮者获得极致的享受。

泡茶之水

品评标准

水质对茶汤品质的影响非常大，水质欠佳，茶叶中的各种营养成分会受到污染，茶的清香、甘醇就会被掩盖，同时茶汤也不够清澈。水对于茶的重要性，就如同水对于鱼，只有好水泡出的茶才会香、色、味俱佳。那么何为好水？要符合以下五个标准。

盖碗泡茶

红茶

1. 活

活水是指有源头而常流动的水，活水中的细菌比较少，泡出的茶汤滋味更鲜爽。

古人泡茶非常注重水之鲜活，如宋代唐庚在《斗茶记》中写道："水不问江井，要之贵活。"南宋胡仔《苕溪渔隐丛话》则说："茶非活水，则不能发其鲜馥。"明代顾元庆《茶谱》有云："山水乳泉漫流者为上。"

茶汤清澈

2. 清

适合泡茶的水，以清为本。所谓清就是指水质晶莹透明，只有这样干净、无沉淀物的水才能显出茶的本色。

唐代陆羽的《茶经·四之器》中写到过漉水囊，这是一种过滤水的器具，可使煎茶之水更洁净。宋代斗茶，茶汤越清澈，取胜的可能性越大。明代熊明遇用石子养水，目的也在于滤水。

雪水

3. 甘

甘是指水含在口中可以品尝到甘甜，不带有咸味或苦味。北宋重臣蔡襄在《茶录》中表达了他对此的观点，他认为：泡茶水不甘，会有损茶味。明代田艺蘅在《煮泉小品》中说："甘，美也；香，芬也……味美者曰甘泉，气芬者曰香泉。""泉唯甘香，故能养人。"

古人认为雨水来自天然且富有甜味，是适宜煮茶之水，而江南梅雨时的雨水最甜，最宜煮茶。明代罗凛在《茶解》中说："梅雨如膏，万物赖以滋养，其味独甘，梅后便不堪饮。"此外，古人还喜欢用雪水煎茶，他们认为雪水既甘甜又清冷。陆羽品水，也认为雪水是很好的煮茶用水。

雨水

4. 洌

洌是指水在口中给人一种清凉感。出自地层深处矿脉之中的水多为寒洌之水，泡出的茶汤滋味纯正。明代陈眉公《试茶》诗中就有“泉从石出清且洌，茶自峰生味更圆”的说法。

功夫红茶

美好的祝福
無盡的心意

溪水

5. 轻

轻是指分量轻，比重较重的水中溶解的钙、镁、钠、铁等矿物质较多，特别是镁、铁等离子多的时候，泡出的茶汤会带有苦涩味，所以质轻的为好水。

研究表明，在天然水中，雪水、雨水是软水，硬度低，比较洁净，适宜煮茶。泉水、溪水、江河水，多为暂时硬水。暂时硬水就是通过煮沸可以变为软水的硬水。

宜茶之水

山泉水是经过很多砂岩层渗透出来的，这些砂岩层有过滤的功能，使得泉水杂质少、水质软、洁净澄澈，且含有多种矿物质，是非常适合沏茶的。泉水沏出的茶汤色明亮，茶叶的色、香、味都能很好地体现出来。但山泉水不是随随便便就能得到的，因此用山泉水泡茶是可遇而不可求的。

泉水

1. 江河湖水

在远离人烟、绿植环绕之地的洁净溪水、江水、河水、湖水也是宜茶之水。

唐代诗人白居易曾有诗云："蜀水寄到但惊新，渭水煎来始觉珍。"明代许次纾在《茶疏》中更是写道："黄河之水，来自天上。浊者土色，澄之即净，香味自发。"也就是说即使是浑浊的黄河水，只要经过过滤处理，同样也能泡出好茶。江河湖水确实适宜泡茶，只是现在水污染比较严重，因此取水一定要慎重。

洁净溪水

井水　　雪水

2. 井水

用井水泡茶要看地下水源的情况，城市井水易受周围环境污染，不适宜沏茶。若能得到活水井的水沏茶，那也不失为一种好选择。北京文华殿东大庖井，水质洁净，滋味甘洌，曾供明清两代皇宫贵族饮水。福建南安观音井，曾供宋代斗茶用水，并一直保留至今。

3. 雪水和雨水

雪水和雨水被古人称为“天水”，备受推崇，尤其是雪水，更是备受珍视。唐代白居易有“扫雪煎香茗”的诗句，宋代辛弃疾“细写茶经煮茶雪”，清代曹雪芹写道“扫将新雪及时烹”，这说明用雪水沏茶在古代是很受推崇的。

至于雨水，不同季节的雨水是有差异的，其中秋雨清洌，被认为是最适宜泡茶的。无论是雪水还是雨水，只要空气不被污染，都是沏茶的好水。但是，当今社会环境污染严重，大部分地区的雨水、雪水都不能用来泡茶了。

自来水

4. 自来水

用自来水沏茶，最好用无污染
容器先贮存一天，这样有助于氯气
发，或者用净水器将水净化，还可以
木炭、竹炭、活性炭等将其过滤。经
理过的自来水才算是较好的泡茶用水

5. 矿泉水

质地优良的矿泉水也是泡茶的
好选择。矿泉水的选取应遵循近地原
则，因为本地水比较适合泡本地茶。

活水

茶汤晶莹剔透

6. 纯净水

纯净水因为净度好、透明度高，所以泡出的茶汤晶莹剔透，而且滋味纯正，无异味、杂味，较适合泡茶。

清饮红茶

清饮红茶是指冲泡红茶时，不加入任何调味品，注重于感受红茶本身的色、香、味。中国人比较喜欢清饮红茶，在冲泡时需注意对用水、茶量和时间等的把握。下面我们介绍一下清饮红茶的方法。

在品饮时，先预备洁净的杯或壶，取适量红茶（一般每杯 3~5 克），先观其形，后放入杯中或壶中，注入沸水，加盖，静置 3~5 分钟。打开盖，先闻其香，再观其汤色，然后品饮。工夫红茶一般冲泡 2~3 次；红碎茶冲泡 1~2 次。

闻香→观色→品饮

瓷质茶具

选择合适的器皿

古人云：“水为茶之母，器为茶之父。”由此可见，好茶除了要用好水来冲泡，还要有好的器皿来辅助。茶与水相得益彰，茶与器珠联璧合，这些都是泡出好茶必不可少的。

我国茶具的材质多样，造型别致，除了具有实用性，还具有很强的观赏性。质量上等的茶叶还要配上一套适宜的茶具，这样不但能泡出香醇的茶，还能给人一种美的享受。

按材质划分，茶具可分为以下几种。

1. 陶土茶具

陶土茶具中最负盛名的是紫砂器具。紫砂器具产自江苏宜兴，用紫砂泥经过高温烧制而成。其优点是透气性强、保温性高、经久耐用，可以很好地蕴藏茶香，保持茶味。且造型精美别致、古朴大方。

紫砂茶壶

紫砂茶具（一套）

一般来说，紫砂器具适宜泡发酵类茶。在用其泡红茶的时候要注意，应选一款紫砂器具专门来泡红茶，最好不要和其他类茶叶混用紫砂器具，以免串味。泡红茶的紫砂器具应为中等大小，如果过小，茶叶投放量就小，不宜品出红茶真味；如果过大，需要投较大量的茶叶，初学者往往掌握不好投放量。当然，茶壶的大小还要根据品茶的人数来决定。

瓷质茶具

2. 瓷质茶具

根据颜色的差异，瓷器又可细分为白瓷、青瓷、黑瓷。其中，景德镇生产的白瓷最有名，除此之外湖南醴陵、安徽、河北唐山等地也是白瓷产地；青瓷中最名贵的是青花瓷；黑瓷盛行于宋代，当时斗茶多用黑瓷。

瓷质器皿可以很好地保持红茶的色、香、味。瓷质茶具是最大众的茶具器皿，可以用来泡任何一种茶。人们平时一般选择杯身内壁为白色的瓷质茶具，这样可以很好地观赏茶汤。另外要注意，在选购瓷质茶具时最好选器壁较薄的，这样的茶具不但能很好地透出茶的色泽，还能长久保持茶汤的温度。用瓷质茶具来泡茶不用担心茶串味的问题，在闻香时既方便又能闻出茶的真香。

瓷质茶具

3. 玻璃茶具

现如今，玻璃茶具也比较流行。其特点是通透性强，可以很好地观赏到茶叶的外形。玻璃茶具最适合冲泡绿茶。品茶者、试茶者可以清晰地看到茶叶经过冲泡后的细嫩以及茶汤汤色。玻璃茶具很适合冲泡调饮红茶，调饮红茶中往往会加入很多调料，如玫瑰花、柠檬片等。品饮调饮红茶时除了可以通过玻璃器皿看到红茶的汤色外，还可以看到玫瑰花在茶汤中绽放的姿态等，令人赏心悦目。

玻璃茶具

金属茶具

4. 金属茶具

在古代，金属茶具也很常用。金属茶具是手工制作的，分金、银、铜、锡等不同材质。其中锡制茶器最适宜储存茶叶，因为其密封性能好，可以防潮、抗氧化，防止外界异味进入。现代人已经很少使用金属茶具了。

漆器茶具

5. 漆器茶具

早在清代就已盛行漆器茶具，其产地位于福建福州一带。漆器茶具工艺独特、造型古朴，颇为美观。

掌握适宜的水温和时间

说到泡茶，很多人觉得拿一个壶，放点茶叶，再倒点水就可以了。其实不然，想要尝到红茶的那种韵味，冲泡时要掌握一定的技巧，熟练把握水温和时间。

掌握冲泡技巧

红茶属全发酵茶，适合以较高的温度冲出茶香，冲泡秘诀在于水煮开后直接用以冲茶，水入茶壶之际约为 95℃高温，这是最适合红茶的温度。泡茶水温的高低，对茶中可溶于水的浸出物的浸出速度有较大影响，进而影响茶味：水温越高，浸出的速度越快，在同样的时间内，茶汤的滋味越浓；水温越低，浸出的速度越慢，同样的时间内，茶汤的滋味越淡。对于水温的选择还受茶叶的老嫩、松紧和大小等情况的影响。当然，冲泡红茶的水温过高也不行，容易产生涩味。一般是让水沸腾后，熄火稍待片刻再行冲泡。另外，还可以采用“高冲法”，即将热水壶高举，如此热水注入壶中时会有一段缓冲，亦有降温效果。

高冲

低斟

清饮红茶时，冲泡时间对茶汤的滋味也有很大影响。当热水与红茶接触后，茶叶渐渐舒展，茶叶中含有的茶单宁和咖啡因慢慢结合，于是我们便感受到了红茶的浓香与醇美。若冲泡时间过久，茶叶中的茶单宁和茶多酚会全部释放出来，苦涩之味就会越来越浓；但如果冲泡时间不够，又无法完全释放出红茶的香醇。

不同类型的红茶，在冲泡时间上要有所变化。但一般而言，斟第一杯红茶的时间需 3~5 分钟；斟第二杯的时间为 5~10 分钟；40 分钟之内是斟第三杯的最佳时间。

注意泡茶时间

冲泡次数

冲泡次数

茶叶一般都可以反复冲泡，但次数多了，茶汤就会变淡，营养成分会消失。另外，茶叶中有害的微量元素也会慢慢被浸出，因此茶叶的反复冲泡次数是有限的。

一般来讲，绿茶、红茶、花茶等，可以反复冲泡 3 次左右；乌龙茶可连续冲泡 4~6 次。还有一些茶最好只冲泡一次，如鲜叶在加工时已经被精细粉碎的红碎茶和白茶中采制时未被揉捻、直接烘焙而成的白毫银针与君山银针等茶。

冲泡红茶茶艺演示

步骤一：备具。

准备好盖碗、公道杯、品茗杯、茶叶罐、茶匙等泡茶用具。

步骤二：温盖碗、公道杯、品茗杯。

将热水注入盖碗、公道杯与品茗杯中进行温杯，然后将水倒掉。

步骤三：取茶。

用茶匙从茶叶罐中取茶叶，放入茶荷中，并请客人观赏干茶的茶形、色泽并闻茶香。

步骤四：置茶。

用茶匙将茶荷中的干茶轻轻拨入盖碗中。

步骤五：冲水。

直接冲满盖碗。

步骤六：洗茶。

将倒入的热水倒掉。

步骤七：泡茶。

将热水倒入盖碗中，静置 1 ~ 2 分钟，待出茶汤后，将茶汤倒入公道杯中。

步骤八：斟茶。

先用毛巾将公道杯杯底的水渍擦拭干净，然后将茶汤分到各个品茗杯中。

步骤九：奉茶。

泡茶完毕后，首先要向客人奉茶。

步骤十：观茶色闻茶香。

饮用之前，要先观赏茶汤的颜色并闻其香气。

步骤十一：品鉴。

闻香完毕后，即可品尝味道了。

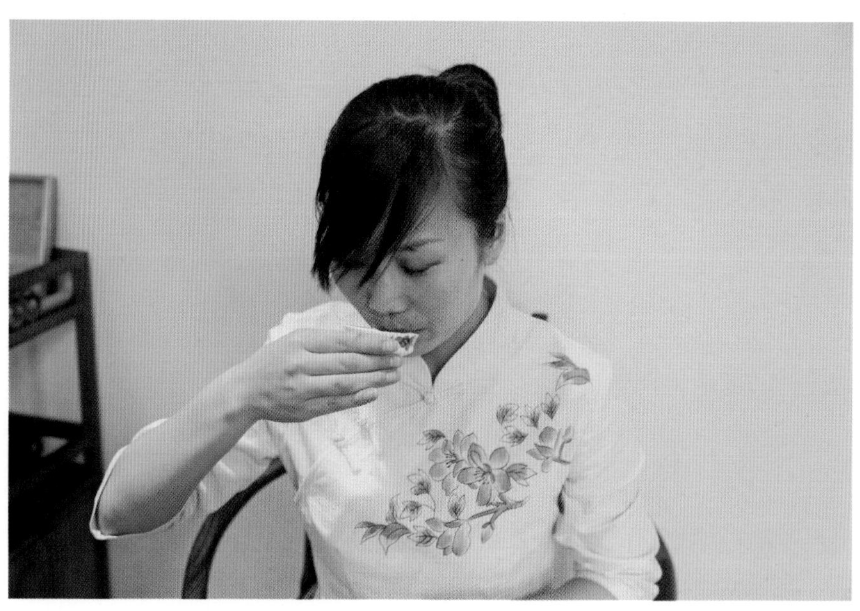

奉茶之道

如果家里来了客人，用茶来招待对方，那么在奉茶的时候是有很多讲究的。

在奉茶前，应先根据客人的喜好，摆上茶点。沏茶时要注意，茶不可沏太满，七分为宜；水温也不应太烫，以免对方不小心烫伤。如果只有一位客人，上茶时可以双手捧杯奉茶，说：“请用茶。”如果有两位以上的客人，要注意端出的每杯茶茶色应是均匀的，而且应以左手捧着茶盘的底部，右手扶着茶盘的边缘，然后再以右手端茶，从客人的右方奉上，同时注视客人并微笑说：“请用茶。”

奉茶

品茶

其实，在茶艺中，奉茶方式还有更细致的规则，但在日常生活中没有那么讲究，其实只要在奉茶时怀着对对方的尊重之心，自然就能以礼相待了。

品茶之道

清饮红茶时，可以从茶汤的色、香、味、形以及叶底的姿和形等方面来细细品味红茶之美。

高品质的红茶汤色红亮明润，而随着茶叶内含物质的浸出，茶汤会慢慢发生改变，耐人寻味。红茶一经冲泡便会随着上升的水汽散发出特有的香气，这时候要注意品嗅，随着温度的变化，热、温、冷茶汤的香气会发生变化，层次丰富。红茶种类繁多，其冲泡后的茶叶形态也是丰富多彩。品赏完红茶的外形与香气，便可以喝茶汤、品尝其滋味了，红茶滋味醇厚，可以慢慢体会其在舌尖与舌后的滋味变化，回味悠长。

茶之五品

耳品：用心听主人（或茶艺表演者）的介绍。

目品：用眼睛欣赏茶的外观形状、茶的汤色等。

鼻品：用鼻子闻茶香。

口品：用口舌品鉴茶汤的滋味。

心品：品茶时要静下心来，抹去浮躁，用心去品，方能沉醉其中。

奉茶

调饮红茶

调饮红茶也就是在茶汤中加入糖、柠檬、咖啡、牛奶、蜂蜜或香槟等调料，以佐茶味，加强口感。调饮红茶在西方国家比较流行。现在的调饮红茶根据人们的需求和意愿加入的调味品越来越丰富，花样也在不断翻新。

在冲泡调饮红茶时，最普遍的是加入牛奶和砂糖，另外加入各种水果调饮而成的水果红茶也很流行。选择添加的水果，以味道甜酸的最佳，水果中的酸甜味可以平衡红茶口感上的涩味，使味道更佳；还要注意水果的颜色是否与红茶的颜色配合得当，特别是夏天，最好选择颜色亮丽的水果与红茶相配。如果是直接向红茶中添加浓缩果汁，最好选择颜色与红茶颜色接近的，否则混合后可能出现污浊，会影响茶的美观度。

调饮红茶

金橘玫瑰红茶

英式奶茶

1. 简介

英式奶茶中一般会添加巧克力酱、蜂蜜、白兰地酒（也可用朗姆酒代替）和肉桂粉，味道香甜，温暖醇厚。

据说红茶刚传到英国的时候，英国人也是清饮的；然而到 18 世纪之后，调饮红茶成了英国人最喜欢的喝茶方式。对于英式奶茶的起源，有人认为是源于中国西藏，众所周知，藏族人喜欢将茶和奶混合起来喝，之后这种饮茶的方式传至印度，英国人到印度后又将其传回国内。还有人认为是中国广州的官吏曾以奶茶招待荷兰使节，接着这种饮法便传至荷兰，之后传至英国，遂成为风潮。

肉桂粉

英式奶茶

2. 用料

红茶包、奶精粉、巧克力酱、蜂蜜、肉桂粉、朗姆酒。

3. 冲调步骤

（1）壶中放入红茶包，加入热水冲泡，然后加入奶精粉。

（2）再向红茶中倒入巧克力酱，并搅拌均匀。

（3）添加 1 汤匙蜂蜜，然后将奶茶煮沸，再转以小火煮 2 分钟。

（4）最后加入适量的肉桂粉和朗姆酒，搅拌均匀后将奶茶过滤，倒入杯中即可。

锡兰奶茶

1. 简介

锡兰奶茶

锡兰红茶多用于清饮，但其中香味和汤色较为浓厚的乌沃茶却适合调制奶茶。奶茶的制作有两种，分别是熬煮和冲泡，其中熬煮出来的奶茶口感更为香醇浓郁。冲泡法较为简便，但要注意鲜奶需与红茶温度相当，否则加入红茶后会因温度差别而影响口味。

2. 用料

锡兰红茶、牛奶、奶油。

3. 冲调步骤

（1）锅中加水煮沸，倒入适量牛奶。

（2）锅中再放入锡兰红茶茶叶，再次煮沸。

（3）沸腾后用小火煮 1 分钟即可。饮用时再加入一些奶油，这样香味会更浓郁。

锡兰红茶

印度奶茶

焦糖

印度奶茶

1. 简介

印度奶茶又名焦糖奶茶，其特点是滋味浓郁，并带有独特的焦香味。印度奶茶常将鲜奶与茶叶同煮，有时加入巧克力酱、生姜、豆蔻、肉桂、槟榔等。制作时，要注意煮茶的火候。

2. 用料

红茶、焦糖、牛奶、巧克力酱、奶油。

3. 冲调步骤

（1）将焦糖放入锅内，加少量的水煮至液化，直到糖汁呈金黄色并散发出焦香味。

（2）在糖汁沸腾起泡时，倒入牛奶，并不断搅拌调匀。

（3）取 12 克茶叶放入锅中同煮。当奶茶沸腾后，再用小火煮 1 分钟，直到汤色呈现棕红色。

（4）在锅中加入适量的巧克力酱，并稍作搅拌。

（5）取一匙奶油入锅小火煮约 2 分钟。用滤网过滤掉奶茶汤中的渣滓，即可饮用。

贵妇奶茶

1. 简介

据说贵妇奶茶是法国贵妇人最喜欢的饮料，既有营养又美味，既可享受红茶的醇厚刺激，又可享受鲜奶的营养温和。

2. 用料

热红茶半杯、温鲜奶半杯、方糖一块。

3. 冲调步骤

（1）将半杯温鲜奶注入杯中。

（2）将冲泡好的热红茶注入杯中。

（3）加入方糖调匀即可。

贵妇奶茶

方糖

酥油茶

热奶油红茶

1. 简介

热奶油红茶是在西藏酥油茶的基础上发展而来的。酥油是指以牦牛奶制成的奶油，酥油茶是用酥油和茶砖共煮而成的。藏族人平时都喝酥油茶，它可以带来足够的热量。1904 年，英国人入侵西藏，酥油茶的喝法也就随之传入英国，后经改良，成为热奶油茶。

2. 用料

热红茶、朗姆酒、奶油。

3. 冲调步骤

（1）将朗姆酒注入冲泡好的红茶中。

（2）加入一些奶油，让奶油漂浮于茶汤上。

朗姆酒

亚麻奶茶

1. 简介

亚麻奶茶的颜色很像一种亚麻色的平织布，因此得名。亚麻奶茶中添加了大量的蜂蜜和牛奶，风味浓郁，色彩柔和，又因加入了冰块，口感清凉，是夏日特饮。

亚麻奶茶

2. 用料

红茶叶、牛奶、蜂蜜、冰块。

3. 冲调步骤

（1）将 30 克茶叶放入茶壶中，注入 400 毫升沸水，加盖煮 15 分钟左右。

（2）将茶汤滤出，放在另一个容器中备用。

（3）将 30 毫升蜂蜜放入玻璃茶杯中，注入 40~45 毫升的茶汤，并将碎冰块迅速倒入玻璃茶杯中，轻轻搅拌。

（4）最后将牛奶注入玻璃茶杯，充分搅拌，再加一些碎冰块即可。

蜂蜜

冰葡萄奶茶

1. 简介

夏末秋初，暑热仍未散去，又是葡萄成熟的季节，此时饮上一杯冰葡萄奶茶，会令人神清气爽。葡萄的清甜与奶茶的醇厚相融合，再经冷藏，不仅解渴降火，而且滋味甜爽。洗葡萄时，要先将葡萄的枝梗剪掉，使葡萄交界处平滑完整，然后可以挤一些牙膏在手上，双手搓一搓，再轻轻搓洗葡萄，之后冲洗干净进行榨汁。另外需要注意的是，脾胃不好的人可以饮用不经冷藏的常温葡萄奶茶。

红茶

葡萄汁

2. 用料

红茶、葡萄、牛奶。

3. 冲调步骤

（1）锅中注入 300 毫升清水，煮沸，加入红茶煮两分钟后，滤出茶汤，倒入杯中备用。

（2）葡萄洗干净，榨汁，倒入有茶汤的杯中。

（3）加入牛奶搅拌均匀，放入冰箱冷藏后饮用或直接饮用。

冰红茶

冰红茶

冰红茶

1. 简介

冰红茶，即红茶加冰制作的饮料。冰红茶具体起源于何时已无从考证，但在 1929 年夏天突然流行起来。茶商理查参加中国西湖博览会时向人推销红茶，但当时正值炎热夏季，理查自己都不想喝那热腾腾的红茶。灰心之际，一堆冰块意外掉进了泡好的热红茶，理查觉得倒掉可惜，便喝了起来，感到清凉畅快。此事给了理查灵感，他开始转卖冰红茶，销量极好。冰红茶鲜爽可口，在夏日午后休闲的时候来上一杯，解渴又防暑，给炎热的夏天增添了丝丝凉意。但肠胃不好的朋友要少饮。

2. 用料

冰块、红茶包、蜂蜜、柠檬。

3. 冲调步骤

（1）先在干净的壶中注入 100 毫升的开水，放入红茶包，加盖闷煮 3 ~ 5 分钟，然后将红茶包取出。

（2）柠檬洗净、切片。

（3）将碎冰块放入杯中，上面放柠檬片，再加入蜂蜜。

（4）最后将红茶倒入杯中即可。

冰红茶

玫瑰红茶

1. 简介

玫瑰花和红茶一起调饮，不但入口清香，滋味甜美可口，还可以美容养颜，长期饮用对皮肤有好处。玫瑰花中含有多种营养成分，特别是维生素等生物活性成分，能促进新陈代谢和平衡内分泌，起到消炎排毒的作用。再与红茶调配在一起，有活血、调经、暖胃等多种功效。玫瑰红茶可以缓解工作中的疲劳，减轻压力，给身心带来愉悦，特别适合工作压力较大的女性饮用。

玫瑰红茶

2. 用料

玫瑰花、方糖、红茶。

3. 冲调步骤

（1）取约 6 克茶叶放入紫砂壶，先用开水将红茶的头道茶洗净。洗净头道茶后，向壶中再次注入开水。

（2）再将玫瑰花放入玻璃壶中，也用开水进行头道清洗。

（3）待壶中的红茶冲泡好后，经过滤网过滤到装有玫瑰花的玻璃壶中。此时，玻璃壶中的玫瑰花经过红茶的滋润，会更加娇艳美丽。

（4）浸泡 3 分钟左右后，即可倒入玻璃小品饮杯中。方糖可以直接放到玻璃壶中，也可以根据个人口味加在杯中。

红茶

玫瑰花

金橘桂花红茶

1. 简介

金橘桂花红茶味道独特。入口时，金橘香、桂花香、红茶香汇集在一起，饮后齿颊留香、爽口清心、满嘴生津。蜂蜜酿制的金橘和福建浦城特产的桂花，在炎热的夏天品用可止痰生津。据《本草纲目》记载：“桂花，主治百病，养精神、和颜色、化痰。久服轻身不老，面生光滑媚好，常如童子；金橘，主治下气快嗝，止渴解醉酒，有理气润肺、化痰镇咳、祛湿散结、治呃逆胀满、胃气痛之功效。”金橘、桂花与红茶的调饮，特别适合女性、老年人、肝火过旺的人群饮用。

桂花茶

2. 用料

金橘、桂花、红茶。

3. 冲调步骤

（1）将茶叶放入盖碗，用开水先将红茶的头道茶洗净。洗净头道茶后，向盖碗中注入开水。

（2）在玻璃碗中放入用蜂蜜酿制的金橘与桂花各 2 勺。

（3）待壶中的红茶冲泡好后，用滤网过滤到装有金橘、桂花的玻璃碗中，再用小汤勺搅拌均匀，即可倒入玻璃小品杯中饮用。

金橘

荔枝红茶

1. 简介

荔枝红茶流行于中国广东、福建一带茶区，茶汤美味可口，冷热皆宜。荔枝中含有丰富的糖分，能够很好地补充身体所需的能量，改善失眠、健忘等症状。荔枝中所含的维生素 C 和蛋白质成分可以提高人体的免疫能力，还可消肿补血、理气。荔枝与红茶调饮，特别适宜贫血、体寒、老年人、体弱多病者饮用。但要注意，阴虚火旺、容易上火的朋友，不宜饮用过多。

荔枝红茶

荔枝红茶

2. 用料

荔枝、红茶包、方糖或蜂蜜。

3. 冲调步骤

（1）准备 6~10 颗荔枝，取荔枝肉，先将其榨成荔枝汁，再加入 250~300 毫升温水，放在煮锅中煮沸。

（2）再将红茶包放入煮沸后停火的锅中，泡 3~5 分钟取出红茶包。

（3）加入方糖或适量的蜂蜜，搅拌均匀后即可饮用。

柠檬红茶

1. 简介

柠檬红茶具有柠檬的青酸与红茶的醇厚，味道甜而微酸，十分爽口。柠檬红茶具有柠檬的清香滋味，具有健胃整肠助消化的功效，最适宜餐后饮用。此外它还有滋润肌肤，促进血液循环，活化细胞的功能。女性朋友长期饮用可以美容养颜。

柠檬红茶

柠檬红茶

2. 用料

柠檬、红茶包、白砂糖。

3. 冲调步骤

（1）用清水将柠檬洗净后榨成汁，加入 250~300 毫升温水，放在煮锅中煮沸。

（2）将红茶包放入煮沸后停火的锅中，泡 3~5 分钟取出红茶包。

（3）加入适量的白砂糖，搅拌均匀后即可饮用。

抗皱无痕茶　　菊花

抗皱无痕茶

1. 简介

蜂蜜有很好的养颜、美容、润肺清火的功效，芦荟除了有这些功效外更有润肤作用，而菊花有散风清热的功能。此外，蜂蜜和芦荟都有很好的润滑肠道、促进肠蠕动的功能，因此此茶具有提高细胞活力、减缓肌肤老化和瘦身的功能。

2. 用料

红茶包、芦荟、菊花、蜂蜜。

3. 冲调步骤

（1）将芦荟去皮取出白肉，与菊花一同放入锅中，倒入适量水，用小火慢煮，待水沸后倒入杯中。

（2）放入红茶包，调入蜂蜜即可饮用。

第四章

选茶有道——红茶的选购与储存

选购红茶的方法

消费者在购买茶叶时，都希望能够买到质量上乘、价格公道的茶叶，然而现在市场上的茶叶琳琅满目，质量差距很大，要想买到心仪的茶叶不是件容易事。价格高的茶叶，每千克可卖到上千元，价格低的每千克几十元不等。不管茶叶的价格是高还是低，爱喝茶的消费者都要学会识别茶叶的价格和品质，了解不同品质茶叶的匹配价格，知道买到的是否是正宗的品种茶。

下面我们简单介绍一下识别红茶优劣的方法。

干茶

干茶

观干茶外表

质量上乘的茶叶外形均整，茶叶碎末较少。选购红茶时要看其干茶外表是否茶条均匀、紧结，色泽是否一致。如果红茶外形色泽比较深，有可能是茶叶受潮了，又经过了再次烘焙的原因。

触摸干茶

通过触摸干茶可以辨别茶叶是否受潮。具体方法是用手指直接拧碎茶叶。如果茶叶难以拧碎，那有可能是在储存的时候受潮了，或者是存放了一段时间的旧茶。

干茶

干茶

闻干茶香气

如果是新茶，闻起来会很清香，不会夹杂着其他的味道。储存得好的红茶，闻上去香气持久，受潮的红茶则茶香持久性不长。另外，受潮的茶叶还会出现异味。若是串味的红茶，还会闻到其他的怪味，如烤焦味、馊味、霉味、酸味等。受潮的、串味的红茶都是质量差的茶叶。

品茶味

质量好、新鲜的红茶冲泡后茶香纯正、不含杂味、汤色透亮、叶底明亮。如果红茶在冲泡后香气不足，还夹杂有其他香味，那就是茶叶串味了。而陈茶冲泡出的茶汤看上去不清透甚至浑浊，有的入口还会有陈味，茶叶的叶底光泽度不高，显得暗淡。

品茶味

储存红茶的方法

不管我们购买的红茶是散装的还是包装好的，都要学会妥善地储存，这样才能保证茶叶的味道一直很鲜美、醇厚。茶叶中含有大量氨基酸、糖类、多酚类、维生素、芳香物质等营养成分，其储存会受许多因素的影响，如阳光、温度、水分、空气等。储存红茶的必要条件是避光、密封、常温、勿潮。

茶叶储存罐

宜兴紫砂跳刀纹茶叶罐

红茶是全发酵茶类，不用放进冰箱。放在室内储存的时候，避免放在阳光直射的地方，阳光直接照射，会破坏茶叶中的维生素 C，并使茶叶的色泽、味道发生变化，所以茶叶不能存放在透明的容器中；由于茶叶容易吸收外界的气味，要使其远离有异味的物品，避免茶香和其他味道混合；要将茶叶放置于干燥通风的地方，以免受潮。水分是许多有机物分解反应的必要条件，也是细菌活动的必要条件，所以，如果茶叶水分过大，不仅易丧失营养，而且容易发霉变质；袋装茶叶开口之后一定要进行密封，以防空气进入袋内，茶香散失。

红茶最好放在茶叶罐里，并放置在阴暗干爽处，开封后的茶叶最好尽快喝完，不然味道和香味会变淡。红茶相对于绿茶来说，陈化变质较慢，较易储藏。一般可放置在密闭干燥的容器内，避光避高温储存比较好。

下面我们介绍几种简便的红茶储存方法。

茶叶罐

塑料袋储存

用塑料袋储存包装茶叶，既简单又方便，是一种很常见的储存方法。包装茶叶的袋子要干净、无异味、无破损。先将茶叶用牛皮纸包装好，然后放入袋中，轻轻地将袋中的空气挤压出去，用绳子将袋口扎紧，放入干燥没有异味的铁桶中即可。

茶叶先用牛皮纸包好

清朝 锡制茶叶罐四件

锡罐储存

锡罐具有很好的防潮和密封效果，特别适合储存茶叶。茶叶装在锡罐里面茶香不会散失，而且即使天气潮湿，茶叶也不会受潮。将茶叶装入锡罐中后，用胶带将罐口封好，放在干燥的地方即可。

瓷茶叶罐

瓷罐储存

瓷罐的密封性强，也是储存茶叶的常用器具。将茶叶放进瓷罐之前要确认罐内没有异味，并将其擦干净。茶叶放进罐内之前，先要用厚度较好的牛皮纸分小包包裹好。然后在罐内放入一个装有石灰的小袋子，这是为了保持罐内干燥，再将包裹好的小包茶叶放在石灰袋周围，茶叶最好不要放得太满。最后用棉花包将罐口盖紧即可。为了严格避免受潮，每个月最好将罐内的石灰更换一次。

瓷罐

热水瓶储存

热水瓶除了具有很好的保温效果外，还是储存茶叶的好帮手。在热水瓶内是干燥的情况下，将茶叶放入热水瓶中。茶叶要装满装实，不要留有空间让空气进入。待茶叶装满后，再将热水瓶的瓶口塞紧，用白蜡将塞缘封口，再裹上胶布即可。

热水瓶

定窑白瓷茶叶罐

低温储存

这种方法也很简单，将茶叶装进铁罐后，封好罐口，外面再用塑料袋套好，将袋口封好，直接放入零下5℃左右的冷冻柜中。红茶用这样的方法储存，会比较新鲜。

木炭密封储存

木炭有很好的吸收湿气的功能。在使用木炭之前，先将木炭燃烧，再快速将其熄灭，将其降温冷却，用干净的布将木炭包裹好，放入装有茶叶的容器中。木炭不能无限期地使用，要注意定期检查和更换。

第五章

风靡世界——红茶的品种

祁门红茶

干茶特点	条索紧细匀整，色泽乌润显毫
汤色	红艳明亮
茶香	鲜嫩馥郁
滋味	醇和隽厚
叶底	嫩匀明亮

祁门茶园

祁门红茶是红茶中的佼佼者，品质超群，被誉为“群芳最”，与印度的大吉岭红茶、斯里兰卡的乌伐红茶并称为世界三大高香红茶。其产地在安徽祁门、东至、贵池、石台、黟县一带，其中祁门历口、闪里、平里一带所产的最有名。祁门是我国重要的茶叶产地之一，早在唐代祁门茶就已经为人所知了，但多年来祁门都是主要生产绿茶的。直到光绪年间，黟县人余干臣由福建回乡，他尝试效仿闽红的制作方法制作红茶，初次创制出了祁红。祁门土地肥沃，早晚温差大，特殊的环境造就了红茶特殊的香味，当地也逐渐演变成为红茶产区。近年来，祁门红茶一直都是我国的国事礼茶。

制茶工艺

1. 采摘

为了保持鲜叶的有效成分，祁门红茶现采现制。祁红的采摘有着严格的标准，采摘一芽二、三叶的芽叶作为原料，高档茶的原料主要是一芽一叶、一芽二叶，分批多次留叶采，春茶采摘 6~7 批，夏茶采 6 批，秋茶少采或不采。

茶叶的采摘标准

第一种为“细嫩采”，即采摘一芽一叶或一芽二叶初展；第二种是“适中采”，大部分红茶采用这种采法；第三种是“成熟采”，即采摘一芽四五叶或对夹三四叶；第四种是“开面采”，即采摘二至四叶梢。

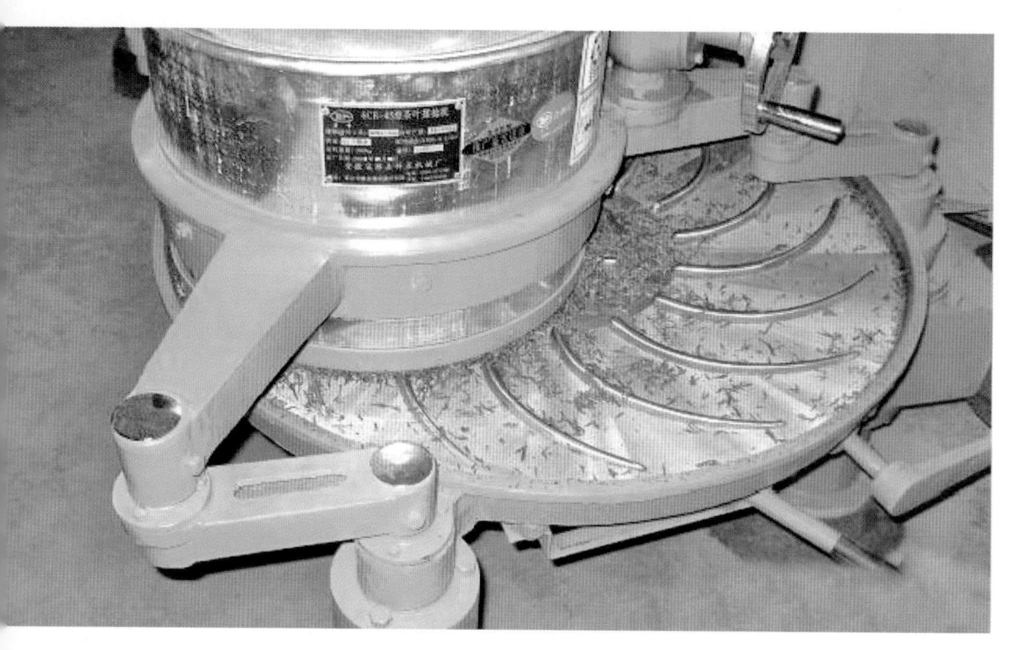

揉捻

2. 初制

初制包括萎凋、揉捻、发酵、烘干等工序。这个过程芽叶会由绿色变成紫铜色，茶身成条，香气透发。发酵是红茶制作的关键一环，对祁门红茶品质的影响很大。发酵室温控制在30度以下，经过发酵叶色转红，形成祁红茶红叶红汤的品质特点。初制后形成红毛茶。

3. 精制

红毛茶制成后，就要进行精制，分清长短、粗细、轻重，剔除杂质。祁门红茶精制费时、费力，所以精制后的祁门红茶又称为“工夫茶”。精制过程复杂，经毛筛、抖筛、分筛、紧门、撩筛、切断、风选、拣剔、补火、清风、拼和、装箱等工序。

精制加工后的祁门红茶，外形条索紧结、细小如眉，苗秀显毫、色泽乌润；茶叶香气持久，似果香又似兰花香，这种特有的香气在国际茶市被称为“祁门香”；茶叶汤色和叶底颜色红艳明亮，口感鲜醇酣厚，即便与牛奶和糖调饮，其香不仅不减，反而更加馥郁。

冲泡方法

祁门红茶适宜用景德镇瓷器冲泡。清洗茶具后，按1∶50的比例把茶放入壶中，冲入沸水，冲泡后香气高锐持久，隔45秒左右倒入品茗杯中。泡出的茶汤色红艳明亮。

祁门红茶

选购鉴别

祁门红茶最突出的四大品质就是香高、味醇、形美、色艳。市场上卖的祁门红茶等级很多，根据其外形和内质分为：礼茶、特茗、特级、一级、二级、三级、四级、五级、六级、七级。名贵的祁门红茶干茶条索紧细匀整、锋苗秀丽、色泽乌润，俗称“宝光”。冲泡后，茶汤色泽红亮，入口滋味醇和鲜爽，香气甜鲜，有一种与众不同的兰花香。叶底绝大部分是嫩芽叶，颜色鲜艳。而劣质的祁门红茶条索粗松，不匀整，色泽不一。

祁门红茶

祁门红茶

保健养生

祁门红茶含有丰富的核黄素、叶酸、胡萝卜素、生育酚及叶绿醌，并且是食品中氟化物的重要源泉。

夏天是饮红茶的好时候，红茶生津解渴还具有清热效果，祁门红茶更是如此，祁门红茶里的多酚类、果胶、醣类和氨基酸会和唾液发生化学反应，刺激口腔里唾液的分泌，令口腔更为滋润，还会产生一定的清凉感，同时祁门红茶里的咖啡因还会控制下视丘的体温中枢，调整人体体温，促进人体废物的排泄，使人体的生理状态达到平衡。

祁门红茶里含有茶多酚，红茶里的茶多酚对于吸附生物碱和重金属有不错的效果，吸附之后还可以将其分解沉淀。

祁门红茶是全发酵茶，茶里的茶多酚在氧化酶的作用下会发生一些酶促氧化反应，茶多酚的含量会减少，不会刺激饮用者的胃部，而且祁门红茶里茶多酚的氧化产物可以促进人体消化，具有养胃效果，平时饮用可以消炎，保护胃黏膜。

祁门红茶之荣誉

1915 年，获巴拿马万国博览会金质奖章。

1980 年，祁红获国家优质产品奖章。

1983 年，获国家出口商品优质荣誉证书。

1987 年，获第 26 届世界优质食品博览会金奖。

1992 年，获香港国际食品博览会金奖。

2010 年，上海世博会十大名茶之一。

祁门红茶

滇红茶

干茶特点	条索紧结、雄壮肥硕，色泽乌润，苗峰秀丽匀整
汤色	鲜红明亮
茶香	香气鲜郁高长
滋味	味道醇厚，富有收敛性
叶底	红润匀亮，金毫特显

云南产的红茶统称为滇红茶，分为滇红工夫茶和滇红碎茶两种，主产地位于云南澜沧江沿岸的临沧、保山、思茅、西双版纳、德宏、红河一带。1939年，云南中国茶叶贸易公司利用云南大叶种茶鲜叶，在云南凤庆首先试制工夫红茶，获得成功，当时称其为“云红”，后改名“滇红”。滇红工夫茶芽叶肥壮，金毫显露，汤色红艳，香气高醇，滋味浓厚，在我国出口的红茶中占有重要地位。

滇红茶

制茶工艺

滇红茶属于发酵茶，采用云南大叶种茶树一芽二、三叶的芽叶作为原料，要经过萎凋、揉捻、发酵、烘干等初制工序，还要经过筛分、风选、拣剔、匀堆、补火的分离、改造、拼合等精制工序，再通过整理形状，划分优次，剔除劣异、整个过程基本都以手工操作，这样滇红茶才得以有着得天独厚的产品优势。

不同的制作过程产生不同的滇红茶品质，优质滇红茶主要有外形条索紧结、汤色鲜红、香气鲜浓、滋味醇厚、耐冲泡的特点。

萎凋

揉捻

烘干

风选

滇红茶

冲泡方法

首先取 4~5 克滇红茶，倒入刚烧开又放置了几分钟、稍微降温后的沸水进行洗茶，然后将水倒掉，再注入水。滇红茶极其耐泡，可泡 10 泡以上。

第一至第三泡，出汤要快，都是 1 秒出汤，第四泡开始延长到 3 秒，然后是 5 秒、8 秒，依次递增，出汤之后不要盖盖。

选购鉴别

滇红茶属大叶种类型的工夫茶，是中国工夫红茶的后起之秀。其特点是外形肥硕紧实，色泽乌润，金毫显露，内质汤色红亮，香高味浓，富有刺激性，叶底红匀嫩亮广受世人欢迎。

滇红因采制时期不同，其品质有所差异，一般春茶比夏、秋茶质量好。春茶条索肥硕，身骨重实，净度好，叶底嫩匀。夏茶正值雨季，芽叶生长快，节间长，芽毫显露，但净度不好，叶底稍显硬、杂。秋茶正处干凉季节，茶树生长缓慢，茶身骨轻，净度低，嫩度比春、夏茶差。滇红茶的一大特点就是茸毫显露。根据其茸毫颜色的不同可分为淡黄、菊黄、金黄等类。凤庆、云县、昌宁等地工夫茶，毫色多呈菊黄，勐海、双扛、临沧、普文等地工夫茶，毫色多呈金黄。同一茶园，春茶一般毫色较浅，为淡黄色，夏茶毫色多呈菊黄，秋茶多呈金黄色。

滇红茶

滇红茶茶汤

滇红茶香郁味浓。滇西茶区的云县、凤庆、昌宁产的滇红质量最好，滋味醇厚，刺激性稍弱，但回味鲜爽，尤其是云县部分地区所产的茶，香气高长，且带有花香。滇南茶区工夫茶滋味浓厚，刺激性较强。另外，高档滇红，茶汤与茶杯接触处常显金圈，冷却后出现乳凝现象，品质越优冷却后浑浊现象出现越早。

保健养生

滇红茶具有利尿、消炎杀菌、解毒、提神、生津清热的功效。

此外，滇红茶还具有防龋、健胃整肠助消化、延缓衰老、降血糖、降血压、降血脂、抗癌、抗辐射的功效，还是极佳的运动饮料，除了消暑解渴及补充水分外，若在进行耐力运动前喝，可以让人更具持久力。

滇红茶茶汤

女王与滇红

云南省临沧市的凤庆县因出产滇红茶而闻名于世。1986 年，英国女王出访云南，当地把凤庆滇红茶作为礼物赠予女王。女王对凤庆滇红茶爱不释手，回去以后储存于玻璃器皿中玩赏。

金骏眉

干茶特点	条索纤细、均匀，带有白毫
汤色	金黄
茶香	带有花香和蜜香，还有一种令人捉摸不透的薯香
滋味	入口醇厚、味道甜美、稠度高、又稠又滑、回甘悠长、沁人心脾
叶底	均整、秀丽明亮

金骏眉首创于2005年，其产地位于福建武夷山。武夷山属于国家级自然保护旅游区，金骏眉就生长在保护区内高1200~1600米的原生态高山上，它是武夷山所产红茶中最负盛名的红茶茶类，价值不菲。金骏眉所用的原料多是野生的芽头。据当地的茶农介绍，每制作1千克的金骏眉干茶要手工采摘8万颗左右的芽头，可见金骏眉是多么名贵。金骏眉是结合了桐木关的正山小种红茶的传统工艺制作出的成品干茶。干茶带有三种颜色，茶条乌黑中透着金黄，边缘上还有隐隐约约的紫红色，带着明显的白毫，非常与众不同。

金骏眉

制茶工艺

1. 茶叶采摘

金骏眉茶以新鲜的茶芽为原料，对茶芽的鲜嫩度要求较高。

待茶树新梢长到 3~5 叶将要成熟，顶叶六七成开面时采下 2~4 叶，俗称开面采。而开面采又可细分为小开面、中开面和大开面。小开面为新梢顶部一叶的面积相当于第二叶的 1/2；中开面为新梢顶部第一叶的面积相当于第二叶的 2/3；大开面为新梢顶叶的面积相当于第二叶的面积。

武夷山茶园

茶叶的采摘

不同茶叶按照采摘季节的不同可分为春茶、夏茶、秋茶。谷雨前后是采摘春茶的好时节，夏至前后采摘夏茶，秋分前后采摘秋茶。采摘时遵循的原则是“开头适当早，中间刚刚好，后期不粗老”。

日光萎凋

2. 茶叶萎凋

（1）日光萎凋

利用光能的热量使鲜叶适度失水，这对形成金骏眉茶的香气起着重要的作用，也为摇青打好了基础。晒青时并不是暴晒，柔和的日光余射是最适宜的。将茶叶均匀摊开，必要时可“二凉二晒”，时间为 10 分钟至 1 小时，期间要翻动 2~3 次。一般晒到失去光泽，叶色转暗绿，顶叶下垂，梗弯而不断且有弹性就可以了。晒青后要再青，使其鲜叶“还阳”。

（2）室内萎凋

将采回的金骏眉鲜叶摊放在筛笠上，静置于凉青架上凉青，中间要翻动 2~3 次，以使其萎凋均匀。凉青是晒青的补充工序，它的主要作用是一方面减少叶面水分，散发叶温，使茶青“转活”，保持新鲜度；另一方面是可调节晒青时间，延缓晒青水分蒸发的速度。凉青的最好结果是嫩梗青绿饱水，叶表新鲜、无水分。

室内萎凋

3. 摇青发酵

将金骏眉茶青放在摇青机中，通过摩擦，叶缘细胞被擦破，从而促进酶促氧化反应，鲜叶继而会发生一系列生物化学变化。摇青时通过摇、凉反复进行 4~5 次，需要 8~10 小时，使叶子由硬变软，有湿手感，叶子颜色达到“绿叶红镶边”，青气消退，香气显露。

金骏眉摇青要掌握一定的规律，根据不同的情况摇青方法要有一定变化。第一，品种不同，摇青方法有差异，叶多重摇，薄叶轻摇。第二，看季节摇青，春季气温低、湿度大，春茶应该重摇；夏季气温高，夏茶宜轻摇；秋冬茶也宜于轻摇。第三，考虑气候因素，刮南风时，轻摇；刮北风时，重摇。第四，看鲜叶鲜嫩程度，鲜叶嫩，水分多，宜于晒足少摇；鲜叶粗老，宜于轻晒多摇。第五，看晒青程度，晒青程度轻则重摇，晒青程度重则轻摇。

金骏眉

金骏眉

4. 杀青定型

当金骏眉茶青在室内静置与搅拌后，草青味渐失，而香气微扬，且发酵已适中后，即可准备杀青。杀青是以高湿来破坏酵素的活性，抑制茶叶继续发酵，避免气温完全散失而保有半发酵茶类特有的香味。同时在杀青时叶中水分大量蒸散，叶质会变柔软，方便揉捻成型及进行干燥处理。粗青的时间必须控制好，茶青要炒透，起锅太早，茶青未熟透，成茶将带有草青味；炒青过度，泡出的茶又会带有炒焦味。

5. 揉捻加工

经 5~8 分钟的持续揉捻，叶片会卷成条索，叶细胞破碎，挤出的汁黏附在叶表。揉捻要掌握趁热、适量、快速、短时的原则。

金骏眉

冲泡方法

享用金骏眉最好使用白瓷杯或者透明玻璃杯，这样有利于欣赏金骏眉芽尖在水中舒展的优美姿态和晶莹剔透的茶汤。

金骏眉适宜用优质矿泉水或井水冲泡，取3克茶叶，先进行洗茶，然后沿着杯壁慢慢地注水，这是为了保护细嫩的茶芽表面的绒毛并避免茶叶在杯中激烈地翻滚，保证茶汤清澈。

选购鉴别

质量上乘的金骏眉干茶香气纯正，带有花果香，香气清新优雅。劣质茶带有异味，如咸味、土味等。优质干茶色泽均匀、金黄黑相间、乌中透黄、油润、有光泽、白毫显露，条索壮实紧结、秀挺略弯曲、似海马型、匀整而没有茶末和杂物。

金骏眉

金骏眉

保健养生

（1）金骏眉茶中的咖啡因和茶碱具有利尿作用，可以缓解水肿、水滞瘤。利用它制成的红茶糖水具有解毒、利尿功能，能治疗急性黄疸型肝炎。

（2）金骏眉茶叶中的茶多酚和维生素 C 都能活血化瘀，防止动脉硬化。

（3）金骏眉茶中的茶多酚和鞣酸可以和细菌发生反应，能将细菌杀死，有消炎杀菌作用，皮肤生疮、溃烂流脓、外伤破皮，可用浓茶冲洗患处。此外对于口腔发炎、溃烂、咽喉肿痛等也有一定疗效。

（4）金骏眉茶中的咖啡因、肌醇、叶酸、泛酸和芳香类物质等多种化合物，能调节脂肪代谢。

金骏眉的名称来历

在当地茶农那里，我们了解到，金骏眉的“金”字，代表了茶的色泽为金黄且名贵；“骏”字同“峻”的发音相同，代表了此茶的生长环境险峻；“眉”字一方面代表着此茶的外形秀美，如同女人的柳叶眉一样美丽，令人赏心悦目，另一方面“眉”字也代表着长寿，表明常饮金骏眉可以使人延年益寿。

金骏眉

正山小种

干茶特点	外形均整而重实，色泽乌润有光泽
汤色	汤色红浓、艳丽透澈
茶香	独特的桂圆香和松烟香
滋味	入口醇滑甘甜、醇厚鲜浓
叶底	均整鲜亮

正山小种是一种历史悠久的红茶，早在17世纪就远销欧洲，在当时是中国茶的象征。正山小种的主要特色是带有醇馥的烟香和桂圆、蜜枣味。正山小种自传入欧洲后，西方贵族赋予了它优雅华美的品饮方式，并催生出影响了全世界的“下午茶”。直到今天，正山小种的广大市场仍在欧美地区，只有少量在国内市场销售。

小种茶

制茶工艺

正山小种原料一般只在春夏两季采摘，每年的立夏开采，采摘鲜嫩的一芽二、三叶。正山小种被分成五个级别，最优质的正山小种红茶选用最好的茶原料，经初制工序和精制工序进行加工，保留着古老的正山小种的原汁原味。

正山小种

>> 初制工序

初制工序可分为：萎凋、揉捻、发酵、过红锅、复揉、熏焙、复火。

1. 萎凋

由于正山小种茶的采茶季节雨水较多，所以常采用室内加温萎凋，加温萎凋一般在初制茶厂的“青楼”（其实是“菁楼”，后来叫着叫着就成“青楼”了）进行。“青楼”共有三层，二、三层架设横档，上铺竹席，竹席上铺茶青，最底层用于熏焙经复揉过的茶坯。它通过低层烟道与室外的柴灶相连。在灶外烧松柴明火时，其热气进入低层，在焙火干茶坯时，利用其余热使二、三层的茶青加温而萎凋。

2. 揉捻

茶青适度萎凋后即可进行揉捻。一般采用揉捻机揉捻 90 分钟左右，分两次进行，中间进行解块筛分一次。揉捻至茶条紧缩、手捏茶胚有茶汁流出指间，捏成团不易松散，青草味有所散失，叶面破碎率在 80％上下。

3. 发酵

正山小种红茶采用热发酵的方法，将揉捻适度的茶坯置于竹篓内压紧，上盖些布或厚布，茶坯在自身酶的作用下发酵，一般经 4~5 小时，发出清香味，至 80% 以上的发酵叶变红褐色即可。

4. 过红锅

过红锅是正山小种茶特有的工序，其作用是停止酶的作用，停止发酵，以保持小种红茶的香气甜纯，茶汤红亮，滋味浓厚。具体方法是当铁锅温度达到 200℃时投入发酵叶，用双手翻炒 2~3 分钟（不超过 5 分钟）叶子受热变软即可出锅。这项炒制技术要求较严，过长则失水过多，易产生焦叶，过短则达不到提高香气、增浓滋味的目的。

5. 复揉

经炒锅后的茶坯，必须复揉，使回松的茶条紧缩，方法是趁热入揉茶机内，揉 8~10 分钟，揉出茶汁，条索整洁即可。

6. 熏焙

将复揉后的茶坯抖散摊在竹筛上，放进青楼底层吊架上，在室外灶膛烧松柴明火，让热气导入青楼底层，茶坯在干燥过程中不断吸附松香，

使正山小种红茶带有独特的松脂香味。开始时火要小，烟要浓，熏干过程中不用翻叶摊晾，经 8~12 小时，茶叶手搅成粉末即可。

7. 复火

烘干的茶叶用 1~4 号筛进行分筛，划分出 1~4 号茶，并去除黄片茶末、茶梗、老叶片，使其整齐美观。将拣好的各号茶叶再进行大堆复火。但火温不宜过高，进行低温慢烘，至茶叶含水量不超过 8% 即可。

>>> 精制工序

精制工序分为：定级分堆、筛分、拣剔、烘焙、匀堆、装箱。

1. 定级分堆

正山小种毛茶进厂时，便对毛茶按等级分堆存放，以便于结合产地、季节、外形、内质及往年的拼配标准进行拼配。把定级分堆的毛茶按拼配的比例归堆，使茶品的质量能保持一致。在分堆过程中，各路茶品含水量并不一致，部分茶叶还会返潮，或含水量偏高，需要进行烘焙，使含水量一致便于加工。

2. 筛分

通过筛制过程去掉梗片，保留符合同级外形的条索与净度的茶叶。将筛分后的茶叶再经过风扇吹风，利用风力将片茶分离出去，留下等级内的茶。

3. 拣剔

把经风扇过风后仍吹不掉的茶梗、外形不合格的以及非茶类物质拣剔出来，使其外形整齐美观，符合同级净度要求。拣剔有机器拣和手工拣，一般先通过机械拣剔处理，尽量减少手工时间。再手工拣剔才能保证外形净度、色泽要求。做到茶叶不含非茶类夹杂，保证品质安全卫生。

正山小种

4. 烘焙

经过筛分、风选工序以后的红茶会吸水，使茶叶的吸水率过高，需要再烘焙，使其含水量符合要求。

5. 干燥熏焙

上述工序完成后加上一道松香熏制工序，成品的烟正山小种要求更加浓醇持久的松香味，因此在最后干燥的茶叶吸附，经熏焙的正山小种红茶有一股浓醇的松香味，外形条索乌黑油润。

6. 匀堆

经筛制、拣剔后各路茶叶经烘焙或加烟足干形成的半成品，要按一定比例拼配小样、测水量，对照审评标准并做调整，使其外形、内质符合本级标准。之后再按小样比例进行匀堆。

7. 装箱

经过匀堆后鉴定各项均符合要求后，即将成品装箱完成正山小种茶精制的整个过程。

冲泡方法

要想更好地冲泡正山小种，就要学会把握水温，适当的水温有利于正山小种茶叶香气、滋味以及所富含的内含物的浸出。煮沸后自然凉至90℃左右的水最宜冲泡正山小种。

头泡的“温茶”出水要快。这一泡的浸泡时间不宜超过 10 秒，最好能 5 秒内出水。不同品种的正山小种红茶浸泡时间有所差异，但一般都不适合长时间浸泡，一般前 4 泡的浸泡时间不宜超过 30 秒，后几泡的浸泡时间可以略长一些，但最好也不要超过 60 秒。

选购鉴别

（1）观汤色。正山小种汤色呈深金黄色，质量上乘的带有金圈，品质差的汤色浅、暗、浊。

正山小种

（2）嗅香气。嗅香气时要注意区别松油烟味和木柴烟味，名品正山小种带有油烟香，香醇绵软，不呛人、不割舌、不割喉，味道持久；一些次品带有木柴烟味，味道刺激，入口有麻口的感觉，咽下有辛辣的感觉。

（3）品滋味。质量好的滋味纯正、醇厚，带有鲜松烟香、桂圆干香味回甘久长；质量差的则香气淡，味道单薄，滋味杂。

（4）看叶底。高档茶的叶底柔软肥厚、鲜嫩整齐，呈古铜色。品质较差的有死红、花青、暗张，而且一般较粗老。

正山小种

正山小种

保健养生

据相关资料可知，正山小种等红茶中的茶碱能吸附重金属和生物碱，并将其沉淀分解，因此正山小种对于饮用水和食品受到工业污染的现代人来说，大有裨益。

除了和其他红茶一样具备利尿、消炎杀菌、保护胃黏膜的功效外，正山小种茶叶中的其他活性物质还具有延缓衰老、降血糖、降血压、降血脂、抗癌、抗辐射等功效。因此常喝正山小种红茶可以保健养生。

正山小种的名称由来

正山小种红茶在欧洲最早称为 WUYI　BOHEA，其中 WUYI 即武夷。在当时的欧洲，它是中国茶的象征，后来其市场越来越繁荣，当地人为将其与其他假冒的小种红茶区别，如人工小种或烟小种，取名为正山小种。正山有正宗的含义，而小种是指其茶树品种为小叶种，还有一层含义是其产地地域及产量受地域的小气候所限，故正山小种又称桐木关小种。

正山小种

湖红工夫茶

干茶特点	条索紧结、肥实、色泽乌润
汤色	红艳明亮
茶香	香高持久
滋味	醇厚爽口
叶底	嫩匀红亮

湖红工夫茶

湖红工夫红茶也可称为“湘红”，是我国历史悠久的红茶茶类之一。湖红工夫红茶的出现，对我国红茶茶类的发展起到了重要作用。湖红工夫红茶主要产于湖南安化、邵阳、浏阳、桃源等地，其中产于安化的为品种代表茶。各地所产的红茶各有千秋。湖红工夫红茶的干茶外形条索紧结均秀，隐隐呈现出白毫，干茶香气清幽。冲泡后茶汤色泽浓艳匀称、带有花香和枣香。冲泡后的茶汤，入口滋味醇厚芬芳、回甘明显，叶底略带暗黑，有光泽而均整。

制茶工艺

湖红工夫红茶一般要求采摘一芽二、三叶为主的鲜叶原料，可按嫩度、匀度、净度和鲜度 4 项因素评定茶叶质量。

一芽二叶

1. 萎凋

加温萎凋槽为湖红工夫红茶普遍采用的方法，由湖南省茶叶研究所研制，萎凋适度的主要标志是萎凋叶含水量降至 60% ~ 65%，并发出清香。

2. 揉捻

揉捻是利用机械多种作用力使茶叶紧卷成条的过程。多采用 55 型、65 型、90 型揉捻机，一般揉捻 2 ~ 3 次。采用 90 型揉捻机揉捻的茶叶，第 1 次揉 45 分钟左右下机解块。筛分后再揉，揉捻至叶组织破损率达到 80% 以上，茶条呈浅黄绿色或局部泛红，发出浓烈的青草气味。

3. 发酵

将解块筛分的揉捻叶，按不同批次、筛底、筛面茶分别置于木盘或篾盘内，在常温下发酵。空气干燥时，在地面洒水增湿或在车间安装喷雾器，以喷雾增加空气湿度。若气温在 20℃以下，可采取生木炭火或通热风管道、蒸汽管道增温，均能取得好的发酵效果。发酵适度的判断，一般凭茶坯的色泽和香气变化进行感官判断：1 ~ 2 级原料的红变程度达 80% 以上，3 级以下者至少 60%；青草气消失，并发出类似熟苹果香，即终止发酵。

4. 烘干

湖红工夫茶均采用两次干燥法，分毛火、摊晾和足火 3 个步骤。毛火采用 90℃ ~ 100℃，烘至含水量为 20% ~ 25%，下烘摊晾半小时左右再进行，足火采用 105~110℃，烘至含水量为 6% 左右。

湖红工夫茶

冲泡方法

一温壶：先用开水烫壶；二注茶：将水倒干，把适量（壶的 1/5 或 1/4）的茶叶放入壶内并用开水泡茶；三刮沫：刮去浮在壶口上的泡沫，盖上壶盖等 15~30 秒；四注汤：把泡好的茶汤经过滤网注入茶海（一种较大的茶杯）；五点茶：把茶汤倒入闻香杯，用茶杯倒扣在闻香杯上连同闻香杯一起翻转过来。

选购鉴别

湖红工夫茶外形条索紧细，香气高，滋味甜醇，汤色浓，叶底红稍暗。轧制茶的品质特征是碎茶颗粒匀齐，色泽乌润或泛棕，汤色红艳，香气馥郁，滋味浓厚，叶底红艳；片茶色泽乌润，汤色尚红，香气纯正，叶底红匀；末茶呈砂粒状，色泽乌黑或灰褐，汤色较深，香味纯正，叶底红暗。

保健养生

研究表明，湖红工夫茶等多种红茶中含有大量的茶多酚物质，不仅可提高脂肪分解酶的作用，而且可促进组织的中性脂肪酶的代谢活动。所以，湖红工夫茶具有减肥瘦身的功效。

另外，相关研究表明，常饮湖红工夫茶可以及时补充维生素 B_1、泛酸、磷酸、水杨酸甲酯和多酚类，能够减轻糖尿病的发病概率。

湖红工夫茶

宜红工夫茶

干茶特点	条索紧细，有金毫，色泽乌润
汤色	红艳明亮
茶香	高长持久
滋味	醇厚鲜爽
叶底	红亮柔软

宜红工夫茶的产地在湖北宜昌、恩施两地。据相关资料可知，宜红工夫茶产生于19世纪中期，距今已有100多年的历史了。宜红也是我国著名的红茶品类，主要出口西欧各国，在国际市场上大受欢迎。

茶园

茶叶采摘

制茶工艺

宜红工夫茶鲜叶原料为宜红早、福鼎大白茶、储叶种等，采摘标准以一芽二、三叶为主，鲜叶色度以黄绿色为佳。要求叶质柔软肥厚、匀净、新鲜。采摘季节一般以夏季为主。采摘下来的鲜叶要薄摊，有的初制厂采用贮青槽贮青，以利于保持鲜叶较好的鲜度，同时节省摊青间的面积，并可降低劳动强度。

1. 萎凋

宜红工夫茶多采用萎凋槽加温萎凋，萎凋槽结构简单，工效高，可实现半机械化生产。萎凋槽温度不宜超过 30℃，萎凋时间一般为 6 ~ 12 小时。萎凋程度掌握“嫩叶老萎，老叶嫩萎”的原则，一般是以萎凋叶的含水量为指标，结合叶象的变化、色泽及萎叶的香气判断其适宜程度。

3. 揉捻

揉捻是形成宜红工夫茶紧结细长的外形的重要环节。其揉捻的特点是快速低温揉捻，加压应掌握轻、重、轻原则。萎凋叶装桶后空揉 5 分钟再加轻压；待揉叶完全柔软再适当加压，促使条索紧结，揉出茶汁；待揉盘中有茶汁溢出，茶条紧卷，再松压，使茶条略有回松，吸附溢出茶汁于条表，再下机解块筛分散热。揉捻时要控制温度和湿度，揉捻室要求室温保持在 20℃ ~ 24℃，湿度为 85％ ~ 90％。在夏秋高温低湿情况下，需要采取洒水、喷雾、挂窗帘、搭阴棚等措施，以便降低室温、提高湿度，保持捻揉叶有一定含水量，防止揉捻筛分过程中失水过多。揉捻适度的标志为芽叶紧卷成条，无松散折叠现象，成条率达 95％；以手紧握茶坯，有茶汁向外溢出，松手后茶团不松散，茶坯局部发红，有较浓的青草气味。

3. 发酵

早期的宜红茶发酵过程是热发汗、锅炒、堆积，而后阳光晒，上盖棕衣、厚布保温。随后发展为有专门发酵室，采用加热高湿的盘式发酵。近年来发展为使用发酵机控温、控时发酵。宜红工夫茶目前多采取可控发酵：叶温 30℃、湿度≥ 95％，发酵室要求适宜温度 28℃左右，相对湿度 95％以上，这样空气新鲜，供氧充足。发酵时间与叶子老嫩、整碎、揉捻程度和季节、发酵室温度、湿度关系密切。发酵时间从揉捻算起，春茶气温较低，需 2.5 ~ 3.5 小时；夏秋季温度较高，发酵时间缩短。发酵时叶色由绿变黄绿而后呈绿黄，当叶色变成黄红色即为发酵适度的色泽标志。从香气来鉴别，发酵适度应具有浓厚的熟苹果香，青草气味消失。发酵程度掌握“宁轻勿过”的原则。

4. 烘干

宜红工夫茶烘干分两次进行。第一次烘干的温度较高，一般进烘温度为 105℃，茶坯含水量为 18％～25％。中间适当摊晾。第二次烘干的温度较低，一般为 90℃～95℃，茶坯含水量为 5％～6％，断续蒸发水分。第二次烘干后应立即摊晾，使茶坯温度降至略高于室温时装箱（袋）。

经过以上工序后，宜红工夫茶还要经过筛分、拣剔等工序。通过以上工艺加工制成的宜红茶，品质优良，口感醇厚。

冲泡方法

冲泡宜红工夫茶的技术是宜红工夫茶爱好者必须掌握的技能，只有按照正确的冲泡方法冲泡宜红工夫茶，才能够将宜红工夫茶叶本身携带的香气口感冲泡至最佳。

宜红工夫茶茶汤

冲泡宜红工夫茶适宜使用紫砂茶具、白瓷茶具和白底红花瓷茶具。茶和水的比例约为 1 ： 18，泡茶的水温最好是 90℃~ 95℃。首先将茶叶按前面所说的比例放入茶壶中，加水冲泡，冲泡 2~3 分钟，然后按循环倒茶法将茶汤注入茶杯中，注意使茶汤浓度均匀一致。

选购鉴别

购买时应注意，上等宜红工夫茶外形条索紧细，具有金毫，色泽乌润。冲泡后，香气四溢，汤色红亮，叶底柔软舒展，茶汤稍冷即产生“冷后浑”的现象。

宜红工夫茶

宜红工夫茶

保健养生

茶中的多酚类化合物能防止过度氧化，嘌呤生物碱可起到间接清除自由基的作用，从而起到延缓衰老的作用。

政和工夫茶

政和工夫茶

干茶特点	条索肥壮重实、匀齐，色泽乌黑油润，毫芽显露
汤色	艳丽透亮
茶香	香气浓郁芬芳，与紫罗兰相似
滋味	醇厚香浓
叶底	肥壮红匀

政和工夫茶是以产地命名的，政和属福建南平地区，该地靠近建瓯市峰镇，属于闽北地域。早在19世纪，政和工夫红茶就已经兴起，至今已有百余年的历史。当地茶园在300米左右的茶山上，主要是梯形茶坡，土壤多为黄沙土，天然有机物质丰富。茶山山间常年云雾缭绕，空气清新，气候温和多雨，无严重的霜冻，非常适宜茶树生长。而且每年茶园还要采取措施防范杂草、病虫害，为茶树的生长打造良好的环境，茶树得以茁壮成长，茶叶的产量和质量也随之提高。

茶园

制茶工艺

政和工夫茶采摘一芽一、二叶鲜叶为原料，初制经萎凋、揉捻、发酵、烘干等工序。政和工夫茶的初制经萎凋、揉捻、发酵、烘干等工序。通常，政和工夫红茶按品种分为大茶、小茶，俗称“大红”“小红”。小红创制于1874年，大红则创制于1896年。大与小指的是用作制作茶的鲜叶，即大叶茶和小叶茶。大红，采用的是政和大白茶制成，为闽红工夫茶之上品。小红，用本地小叶种茶，也称“菜茶”制成。成品茶以政和大白茶品种为主体。

在政和工夫茶的精制工序中，对两种半成品茶须分别通过一定规格的筛选进行分级，分别加工成型，然后根据质量标准将两种茶按一定比例拼配成各级工夫茶。拼配好的高级政和工夫茶体态匀称，香气浓郁芬芳。为了提高香气，现代政和工夫茶已开始用福云六号、金观音、白芽奇兰等进行试制。

政和工夫茶

冲泡方法

为避免水温变化太大，先要进行温壶及温杯，以渐歇的方式将沸水注入壶和杯中。平均每人用 2.5 克左右的茶叶，这个量既能充分发挥红茶香醇的原味，也能享受到续杯的乐趣。

政和工夫茶

选购鉴别

政和工夫茶有大茶、小茶之分。大茶外形条索肥壮，紧结多毫，色泽乌黑油润，冲泡后，汤色红浓，香高鲜甜，滋味浓厚，叶底红嫩壮实。小茶外形条索细紧，冲泡后香气持久，汤色比大茶要浅，味道醇和甘美，叶底红匀。根据两茶拼配比例的不同，可分成质量不同的等级。

保健养生

政和工夫红茶有助于胃肠消化、促进食欲，可利尿、消除水肿，并有强壮心肌的功能。

政和工夫茶

白琳工夫茶

干茶特点	外形秀美，色泽乌润而有光泽，呈现特有的橙黄白毫
汤色	清丽透亮
茶香	带有蜜香、鲜纯持久
滋味	入口甘鲜、回味绵长
叶底	鲜红带黄、均整鲜亮

白琳工夫茶是我国红茶中的知名品种，其产地位于福建福鼎的太姥山白琳、湖林一带，属于小叶品种茶。太姥山属闽东地区，那里山高林茂，茶树多种植在山崖之间。从 19 世纪 50 年代起，福建、广东一带大量生产白琳工夫茶，闻名全国，继而又占领了东南亚市场。

白琳工夫茶

白琳工夫茶茶汤

制茶工艺

每年在清明时节开采，选用细嫩芽叶制作加工而成。

自清代创制至新中国成立前，白琳工夫茶一直是纯手工制作，由民间农户、茶贩自设置茶作坊的方式进行生产。并由茶商、茶馆收购毛茶或茶青（鲜茶叶）进行精制加工。

白琳工夫茶是发酵茶，香味、汤色和叶底形成质量的好坏关键在于发酵过程。白琳工夫茶的制作工序环环相扣、相辅相成。初制过程为采摘、萎凋、搓揉、解块、发酵、烘焙。

白琳工夫茶对鲜叶原料的鲜嫩度要求很高，其采摘原则是早采嫩采，否则芽叶过大，会造成成品外形粗松，味道也会变淡，影响品质。

在初制工艺中，适度萎凋这一环节很关键，应严格遵守轻重揉结合，及时提取成形的芽叶，以储存毫芽。发酵叶采用双复焙的方法烘干，第一次以高温烘至八成干，再以低温继续烘干。第一次烘焙，要文火慢焙，掌握好火候。

白琳工夫茶

白琳工夫茶

冲泡方法

冲泡白琳工夫茶一定要注意泡茶的时间，一般不要快速冲泡，这样无法完全释放出茶叶的芳香。一般叶片细小的约浸泡2~3分钟，叶片较大的则宜浸泡3~5分钟。

白琳工夫茶

选购鉴别

等级高的白琳工夫茶，外形条索紧结，细长弯曲，带有橙黄白毫，茸毫多呈颗粒绒球状，带有清爽的毫香。汤色浅亮，叶底艳丽红亮，被称为“橘红”，意为橘子般红艳的工夫茶，在世界上也是很有名的。

保健养生

从中医学的角度看，白琳工夫茶性温，具有温中驱寒、化痰、消食、开胃的功效，比较适合脾胃虚弱的人饮用。虽然工夫茶中所含的多酚类成分与绿茶不太相同，但工夫茶同样具有抗氧化、降低血脂、抑制动脉硬化、杀菌消炎、增强毛细血管功能等功效。

白琳工夫茶

政和工夫茶与白琳工夫茶

政和工夫茶有大茶和小茶两种。大茶采用的原料是政和大白茶，特点是外形条索紧结，内质汤色红浓，香气高而鲜甜，滋味浓厚，叶底肥壮尚红。小茶采用的原料是小叶种，条索细紧，香似祁红，但持久度稍差，味醇和，叶底红匀。

白琳工夫茶是用小叶种红茶制成的。当地种植的小叶种的特点是茸毛多、萌芽早、产量高。白琳工夫茶条索细长弯曲，茸毫多呈颗粒绒状，色泽黄黑，内质汤色浅亮，香气鲜醇有毫香，味清鲜甜，叶底鲜红带黄。

白琳工夫茶

坦洋工夫茶

干茶特点	条索紧细匀直，叶色润泽，净度良好，毫尖金黄
汤色	红艳夺目，带有淡淡的金黄色
茶香	高锐持久、清香四溢
滋味	浓醇鲜爽、醇甜
叶底	红亮匀整

坦洋工夫茶

坦洋工夫茶的主产地是福建福安，除此之外，寿宁、周年、霞浦、拓崇、屏南等地也是坦洋工夫茶的产区。福安所产的茶叶品种丰富且质量优良。福安是我国重要的茶叶生产基地，产茶历史悠久，那里有数不清的经营茶楼和销售茶叶的茶商。福安所产的坦洋工夫茶，质地优良，受到了世界各地人们的追捧。在福安一带有很多专门经营坦洋工夫茶的店，产品远销世界各国。

福安的多数茶树种植在海拔 500~600 米的高山上，山上树丛聚集，云雾缭绕，风光旖旎。福安的天湖山是坦洋工夫红茶的主要生产基地。相关资料显示，天湖山上种植的一种名为“老茶头”的有着 50 多年历史的茶树，主要用来制作坦洋工夫茶。

坦洋工夫茶

坦洋工夫茶

天湖山的土壤非常特别，含有丹霞岩风化形成的烂石。在天湖山的周边种植着十几万亩的桂花，桂花树高大茂密，每年桂花盛开的季节，浓郁的桂花会熏染茶树，使之带有一种独特的桂花香，这是其特别之处。带有独特桂花香的坦洋工夫茶在国际上享有盛名，在荷兰、英国、俄罗斯等很多国家都很有市场。据相关资料显示，在咸丰年间，坦洋工夫茶就已经非常有名气了。

制茶工艺

每年的清明前后是坦洋工夫茶的采摘时节。一般是人工采摘，采摘标准是一芽二、三叶。

坦洋工夫茶的制茶工序是萎凋、揉捻、解块、发酵、烘干等工序。

1. 萎凋

坦洋工夫茶在萎凋前，先让采摘回来的鲜叶挥发掉一部分水分，使叶子变软。萎凋室保持通风良好。萎凋槽内温度一般控制在30℃ ~35℃，具体温度和风量的掌握依据鲜叶含水量而定，一般原则“先高后低”。摊叶厚度一般为 10~15cm，每隔 20~30 分钟翻叶一次，以获得茶叶萎凋均匀一致。一般萎凋时间为 4~5 小时，萎凋叶叶质柔软，手捏成团，减重率达 30%~40%。

坦洋工夫茶

2. 揉捻

经过萎凋后，把茶叶搓揉成条状，采用轻压长揉的方法，时间掌握在 60 分钟左右，细皮破碎率达 90％以上，便于发酵。

3. 解块

主要目的是解散茶团，降低叶温，使叶内某些有效成分不致因受热剧变，干燥后可减少团块。但使用解块机会影响到高档茶的条索外形，因此坦洋工夫红茶实际制作中以手工解块效果为佳。

4. 发酵

发酵室温度以控制在 22℃ ~24℃为适宜，最高不超过 28℃，以加速酶促氧化，在酶的作用下，促进多酚类化合物的酶促氧化、缩合、形成固有的色、香、味的特征。

5. 烘干

采用焙笼烘焙干机干燥，掌握“高温出烘，低温复火”的原则。初烘温度掌握在 90℃ ~100℃，时间为 15~20 分钟，摊叶厚度 2~3cm，每隔 5 分钟翻拌一次，至 8 成干左右，中间摊凉 1~2 小时。复火温度以 50℃ ~60℃为宜，时间为 20~30 分钟，摊叶厚度 3~4cm，每 10 分钟翻拌一次，足火后成品水分控制在 7% 以下。

经过以上工序后，再经筛分、手拣等精制工序，分精茶条粗细、长短，去除影响成品茶净度和色泽的杂物及片茶、碎茶、末茶等，形成条索紧细、外形匀称美观、净度良好的上等坦洋工夫茶。

坦洋工夫茶茶汤

冲泡方法

通常每杯只放入 3~5 克红茶，或 1~2 包袋泡茶。若用壶煮，则另行按茶和水的比例量茶入壶。量茶入杯后，冲入沸水。如果是高档红茶，选用白瓷杯为宜，以便“察颜观色”。通常冲水至七分满为止。如果用壶煮，要先将水煮沸，而后放茶配料。泡出的茶汤色鲜艳呈金黄色。

选购鉴别

坦洋工夫茶产区广泛，各地的品质自然是不同的，其中坦洋、寿宁、周宁山区所产的茶，香味醇厚，条索比较肥壮；霞浦一带所产的茶色泽鲜亮，条形秀丽。购买时应注意，质量上乘的坦洋工夫茶外形细长匀整，带白毫，色泽乌黑有光，冲泡后，香气清新，茶汤颜色金黄，叶底红匀光滑。

保健养生

（1）生津清热。坦洋工夫茶中含有多酚类、醣类、氨基酸、果胶等，它们会与口涎产生化学反应，且刺激唾液分泌，夏季饮用能止渴消暑，并且产生清凉感。

（2）利尿。坦洋工夫茶中的咖啡因和芳香类物质结合，可增加肾脏的血流量，提高肾小球过滤率，可以缓和心脏病或肾炎造成的水肿。

（3）消炎杀菌。坦洋工夫茶中的多酚类化合物具有消炎的作用，所以此茶适合细菌性痢疾及食物中毒患者饮用。

坦洋工夫茶

川红工夫茶

干茶特点	肥壮紧结、金豪显露
汤色	红中透着淡淡的金黄
茶香	有一种独特的花果香，香气清爽无杂味
滋味	回味悠长、鲜爽
叶底	厚实明亮

川红工夫茶的主产地位于四川省宜宾等地。川红工夫茶是 20 世纪 50 年代创制的，虽然历史不是很悠久，但质地优良，其突出特点是早、嫩、快、好，在国内外享有盛誉，是我国高品质工夫红茶之一。

川红工夫茶生长的地方地势较高，属于川东南地区。四川高山多，地势险峻，这里气候温和，平均气温在 18℃左右，年均降雨量为 1300 毫米左右，种植茶树的茶园土壤多为沙土，这些都为茶树生长提供了有利条件。

川红工夫茶

制茶工艺

川红工夫茶的原料要求鲜叶细嫩、匀净、新鲜。采摘标准以一芽二、三叶为主。鲜叶进厂后，严格地按鲜叶分级标准进行检验分级，分别加工付制。其制作工艺在传统工艺上进行了改良，采用的是人工和机械工艺相结合的方法。

1. 萎凋

萎凋温度控制在 35℃ ~40℃，需 3~4 小时。春季气温低、湿度大，需要 5 小时左右。萎凋时间太短，内含化学成分不能正常发生反应从而影响萎凋质量，往往出现红变、焦芽、焦边的萎凋不匀等现象。

2. 揉捻

揉捻室要求室温保持在 20℃ ~24℃，湿度以 85% ~90% 为宜。大型双动揉捻机的投叶量大，一般揉 90 分钟；中型揉捻机的揉捻过程一般为 70~90 分钟；小型揉捻机投叶量小，一般揉捻 60~70 分钟。原料老嫩、萎凋程度等不同，揉捻时间也不同。嫩叶采用轻压短揉，老叶采用重压长揉的原则；重萎凋的叶子采用适当重压，轻萎凋的叶子采用适当轻压揉捻，时间相对延长。

3. 发酵

发酵必须有一定的温度、湿度和空气才能顺利进行，发酵室的温度为 25℃ ~28℃，相对湿度 95% 以上，空气新鲜，供氧充足。发酵时间从揉捻算起，春季气温较低，需 2.5~3.5 小时，夏秋季温度较高，发酵时间缩短。如在揉捻结束时揉捻叶已经泛红，可认为发酵基本完成，就不需要再经发酵室发酵而直接进行烘干。

川红工夫茶茶汤

4. 烘干

烘干的时间与温度、鲜叶老嫩度、叶层厚度等都有很大关系，温度高时间短，温度低时间长。因此，烘干必须考虑各种因素的影响，灵活掌握烘干技术、措施。

冲泡方法

冲泡川红工夫茶不能用滚烫的开水。特别是用茶叶嫩芽尖制作的红贵人、黄金白露、金芽等高档川红工夫茶，宜使用晾凉到80℃ ~90℃的水。

投放的茶叶量及泡茶次数也要掌握好，才能泡出好茶。每杯川红工夫茶宜放3~5克干茶。具体操作是，先在杯中注入大约1/10的热水烫杯，再投入3~5克川红工夫茶茶叶，然后再沿杯壁注水进行冲泡，茶叶在杯中舒展开，就会散发出其特有的馥郁芳香。第一泡是洗茶，快速出水洗杯闻香，第一泡至第十泡时长约为15秒、25秒、35秒、45秒、1分钟、1分钟10秒、1分钟20秒、1分钟30秒、2分钟、2分钟30秒。可根据个人喜好调整出水时间。

泡好的川红工夫茶除了饮用以外，还可以欣赏茶叶在水中的翻滚舒展，因此，最好用红茶专用玻璃茶具来冲泡。

川红工夫茶

选购鉴别

质量上乘的川红工夫茶条索肥壮圆紧，毫锋披露，色泽乌黑油润。冲泡后，清新的香气中带有一点枯糖香，滋味醇厚鲜美，汤色浓亮，叶底厚软红匀。而陈茶由于受氧化作用和光合作用影响，色素物质发生缓慢的自动分解，颜色变成灰褐色；可溶于水的酯类物质成分减少，味道变淡；氨基酸氧化，原有的鲜爽味减弱。

保健养生

川红工夫茶有助于胃肠消化，可增加食欲、利尿、消除水肿，并有强壮心肌的功能。

川红工夫茶

英德红茶

干茶特点	肥壮紧结、金豪显露
汤色	红中透着淡淡的金黄
茶香	有一种独特的花果香，香气清爽无杂味
滋味	回味悠长、鲜爽
叶底	厚实明亮

英德红茶的产区在广东英德英山，属小叶种红茶，20 世纪 50 年代中期创制，是红茶的后起之秀，堪与印度、斯里兰卡红茶相媲美。

英德红茶

制茶工艺

英德红茶的鲜叶原料为云南大叶种和凤凰水仙，以一芽二、三叶初展为主，要求保持嫩匀鲜净，其加工技术精湛，加工全程实现机械化。萎凋温度不能超过 35℃，萎凋叶含水量控制在 58% ～ 60%。揉切，先打条提取毫尖茶，筛面茶揉切 2 ～ 3 次，直至茶尾比率在 10% 以下。发酵

采茶

英德红茶

适度稍轻，采用 110℃ ~ 118℃一次干燥，毛茶含水量控制在 4% ~ 6%。采用圆筛分离茶叶的长短，抖筛分离茶叶的粗细曲直；然后风选分离茶叶重轻和除劣去杂；风选和拣梗之后，达到商品茶的规格要求，拼配调制品质，及时装箱封口，防止受潮，以保持茶叶品质。

冲泡方法

瓷器、陶器（主要是紫砂器）、玻璃茶具都可以用来冲泡红茶。冲泡英德红茶，我们常选用乳白色的瓷器。用盖碗、茶壶沏都可以，都能获得较好的色香味。

冲泡英德红茶的投茶量需要根据容器的大小、不同茶的特点和客人的数量来决定。投茶量要适中，切勿过量；同样的水量，茶质嫩的要比茶质老的多投一点。

英德红茶

英德红茶最好用 85℃～95℃的热水来冲泡。冲泡茶叶的水一定要煮沸腾了，然后等它冷却到所需要的温度。刚烧开的水，等水泡全都沉了，打开盖再等一小会儿，一般可降到 95℃~97℃，注水入茶器里，水温又会降低 1℃~3℃，另注意冬天和夏天水温冷却速度不同。水温的控制还受茶叶的种类、客人的喜好制约。一般茶质嫩的，水温不宜太高；茶质偏老，水温可相对高些。

红茶一般要求出汤快，一般保持 1~5 秒。如果喜欢口感强烈一点的，可浸泡时间长一点。

选购鉴别

英德红茶分为叶、碎、片、末四个花色，各花色中包含了不同等级的多个茶号。选购英德红茶时应注意，其成品外形紧结重实，乌润细嫩，金毫显露，身披金毫，冲泡后汤色鲜亮，叶底嫩匀红亮，其滋味既带有云南大叶茶的浓艳，又带有水仙的清爽，具有汤浓味厚、香醇清爽的独特品质。

英德红茶

保健养生

英德红茶所含的抗氧化剂有助于延缓衰老。人体在新陈代谢的过程会产生大量自由基，使人体老化，还会损伤细胞。SOD（超氧化物歧化酶）是自由基清除剂，能有效清除过剩自由基，阻止自由基对人体的损伤。而英德红茶中的儿茶素能显著提高 SOD 的活性。

相关研究显示，英德红茶中的儿茶素对人体部分的细菌有抑制效果，同时又不伤害肠内有益菌的繁殖，因此英德红茶具有整肠的功能。

科学家通过动物实验证明，英德红茶中的儿茶素能降低血浆中总胆固醇、游离胆固醇、低密度脂蛋白胆固醇以及三酸甘油酯的含量，同时可以增加高密度脂蛋白胆固醇的含量。此外，英德红茶含有黄酮醇类物质，有抗氧化作用，可防止血液凝块及血小板成团，降低心血管疾病的发病概率。

英德红茶

英德红茶

英德红茶中含有茶碱及咖啡因，可以经由许多作用活化蛋白质酶及三酸甘油酯解脂酶，减少脂肪细胞堆积，因此具有瘦身作用。

英德红茶中还含有氟，其中儿茶素可以抑制生龋菌的作用，减少牙菌斑及牙周炎的发生。茶中含的单宁酸具有杀菌作用，能阻止食物渣屑繁殖细菌，故可以有效防止口臭。

相关研究表明，英德红茶还有助于改善消化不良的情况，比如由细菌引起的急性腹泻，饮用英德红茶能减轻症状。

英德红茶

越红工夫茶

干茶特点	形状紧结而直，茶条均整而干净，色泽乌黑，锋苗明显，显白毫
汤色	红艳通透
茶香	香气高长，带有独特的兰花香
滋味	入口滋味浓厚，回味醇绵
叶底	嫩匀完整、色泽红亮

越红工夫茶又名“浙毛红”，其主要产地位于浙江绍兴、诸暨、桐庐、宁波等地。以绍兴产量最多、质量最好。

越红工夫茶

茶叶萎凋

制茶工艺

越红工夫茶鲜叶的采摘标准为一芽二、三叶。采摘下来的露水叶和雨水芽叶在室内阴凉通气处摊放，每隔半小时翻拌一次，防止青叶发热变质，让其表面水蒸发后方可萎凋。

1. 萎凋

利用萎凋槽把鲜叶均匀地摊放在竹篾上，篾下通干热风，温度控制在 37℃，每隔 20 分钟翻一次，以达到萎叶均匀，经 4 小时通干热风后，芽叶失去光泽，折茎不断，手捏成团，松手后能缓慢松散。

2. 揉捻

利用揉捻机把萎叶投入揉桶中，揉捻加压一般掌握轻、重、轻的原则。揉捻时间 50~90 分钟，要求细胞破碎率不得低于 70％，成条率要求达到 90％以上。

3. 解块分筛

揉捻后芽叶常有部分结成团块，为了便利按筛号揉叶分别发酵，必须解散团块，降低揉叶温度，以利掌握发酵程度，提高品质。

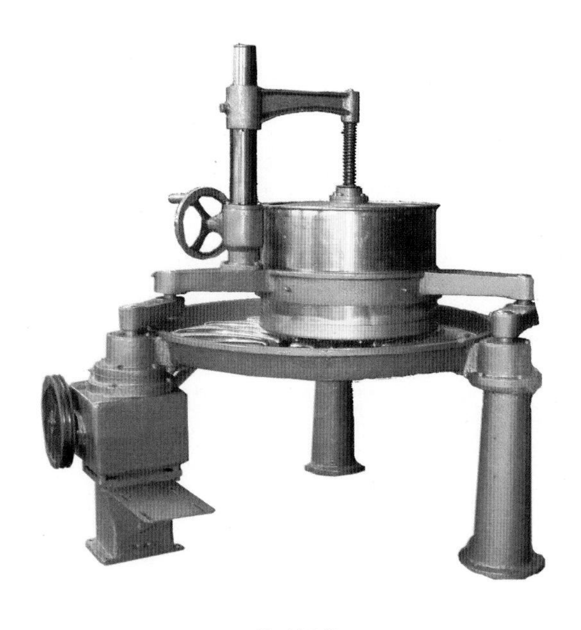

茶叶揉捻

4. 发酵

发酵是关键工序之一，发酵室应清洁卫生，空气新鲜，氧气充足。发酵温度应掌握在 22℃～100℃，干燥后的红毛茶，含水量应 80％以上，摊叶厚度视芽叶老嫩而定，一般以 10 ～ 20 厘米为宜。

5. 烘干

要求高温、薄摊、快烘，烘干分毛火和足火。毛火温度应在 110℃～120℃，足火温度应在 90℃～100℃，烘干后的红毛茶含水量应在 6％，便于贮存保管。

越红工夫茶茶汤

越红

冲泡方法

冲泡越红工夫茶最好选陶瓷茶具，水温宜在 100℃左右，冲泡 1~3 分钟。

选购鉴别

质量好的越红工夫茶外形很优美，条索紧结肥实、锋苗显现，干茶颜色乌润。冲泡后，茶香醇厚，茶汤颜色较浅，但很通透，叶底嫩匀完整。

越红工夫茶

保健养生

越红工夫茶中的咖啡因能兴奋中枢神经系统，使人精神振奋、活跃，能消除疲劳、提高工作效率。

另外越红工夫茶具有利尿作用，可用于治疗水肿、水滞瘤。

九曲红梅

干茶特点	条索细若发丝，弯曲细紧如银钩，披满金色的绒毛
汤色	红艳
茶香	香气芬馥
滋味	入口滋味浓郁、鲜醇
叶底	柔嫩红明

九曲红梅

九曲红梅亦称“九曲乌龙”，因其颜色偏红，味道清香，有如梅花一般，故得此名。据史料记载，九曲红梅本源自福建武夷山的九曲溪。太平天国时期，武夷农民北迁至大坞山一带落户，并将制作此茶的技艺带到了杭州。大坞山产的九曲红梅质量最优；上堡、大岭、冯家、张余一带所产的“湖埠货”质量中等；社井、上阳、下阳、仁桥一带的“三桥货”质量较差。九曲红梅茶的生产已有近 200 年历史，一百多年前就已成名，早在 1886 年，就获得了巴拿马世界博览会金奖。九曲红梅是目前浙江名茶，与西湖龙井茶并称为西子湖畔的“一红一绿”。

制茶工艺

九曲红梅茶要求在清明节后、谷雨前采摘一芽二叶的鲜叶作为原料。传统的制作方法十分考究，采摘下的鲜叶要经过阴摊、萎凋、揉捻、发酵、焙干等 5 道初制工序。

1. 阴摊

鲜叶一般以 20 厘米的厚度阴摊 12 个小时以上，随着水分的蒸发，其中的青草气逐渐变淡，直至消失，有略微香气滋生。

2. 萎凋

把阴摊过的青叶摊在篾垫上，在阳光下晒 1~2 小时，可根据阳光的强弱，摊晒的厚薄，确定具体时间。至叶片含水量在 60% 左右（即已能揉成条而不碎裂）。

萎凋

3. 揉捻

将萎凋叶略翻降温，放在长方形篾垫上进行揉捻，至叶面破损，汁液外渗，逐渐成条，颜色变红，青草气全无，果香初透。装入粗布袋中，经挤压、拧紧成球状，然后用力团揉加压至汁液外流时，出袋用手搓解块。

4. 发酵

发酵是九曲红梅茶质量的决定因素，解块后的茶叶放在篾垫上在阳光下摊晒 30 分钟左右，再次装入布袋中，在 23℃ ~28℃的温度下热闷 2 小时左右，至青草气全消失，具有清鲜的果香味，叶色变红且较油润，

有光泽。此时，因叶尚潮，不易断碎，最好能拣去老叶、枝梗和杂物。

5. 干燥

可用日光照晒和焙笼烘干两种方法。如用焙笼烘干一般分两次进行。第一次采用高温快速烘干法，第二次采用低温慢烘法。中间进行摊凉回潮，烘培过程中要进行翻拌，以保证受热、失水均匀。待到叶色泽乌润、香气浓烈、条索紧结、手揉成粉末，含水量为 6% 左右即可。

烘培结束后，用竹筛过筛去末，再进行分级包装、贮存。

冲泡方法

冲泡九曲红梅的茶具一般选用紫砂茶具、白瓷茶具和白底红花瓷茶具。茶和水的比例在 1 ： 50 左右，泡茶的水温在 90℃ ~95℃。冲泡九曲红梅一般采用壶泡法。首先将茶叶按比例放入茶壶中，加水冲泡，冲泡 2~3 分钟，然后按循环倒茶法将茶汤注入茶杯中并使茶汤浓度均匀一致。品饮时要细品慢饮，九曲红梅茶一般可以冲泡 2~3 次。

九曲红梅

九曲红梅茶汤

怎么判断茶叶的发酵程度呢?

从发酵叶的表面变化规律来判断是比较困难的，必须在生产实践中，不断积累丰富的经验，适时地掌握发酵适度表征，才能制作出高品质的红茶。发酵适度，叶色显红色，并发出浓郁的苹果香味，但是不同原料的色泽有所不同。1~2 级发酵叶，对光透视呈黄色；3~4 级呈铜色，凝于表面的叶液均是红色。如果发酵不足，则香气不纯正，冲泡后汤色不够红，泛青色，味道也带有青涩味，叶底花青。发酵过度，则香气低闷，冲泡后汤色又红又暗，而且还不清澈，滋味平淡，叶底红暗多乌条。

九曲红梅

选购鉴别

大坞山茶农对茶叶的采制要求很高，进而形成了特殊的红茶外形。质量上乘的九曲红梅外形具有“细、黑、匀、曲”的特点，成茶条索秀丽紧细，呈弯曲状，色泽乌润，汤色红艳澄澈，滋味鲜爽可口，香气馥郁，叶底红亮嫩软，甚至可与祁门红茶相媲美。

保健养生

九曲红梅具有暖胃、健脾、明目、提神之功效。